鲁迅美术学院著作出版基金资助出版

工业现成品艺术研究

——以沈阳城市更新中的公共艺术为例

张　玲——著

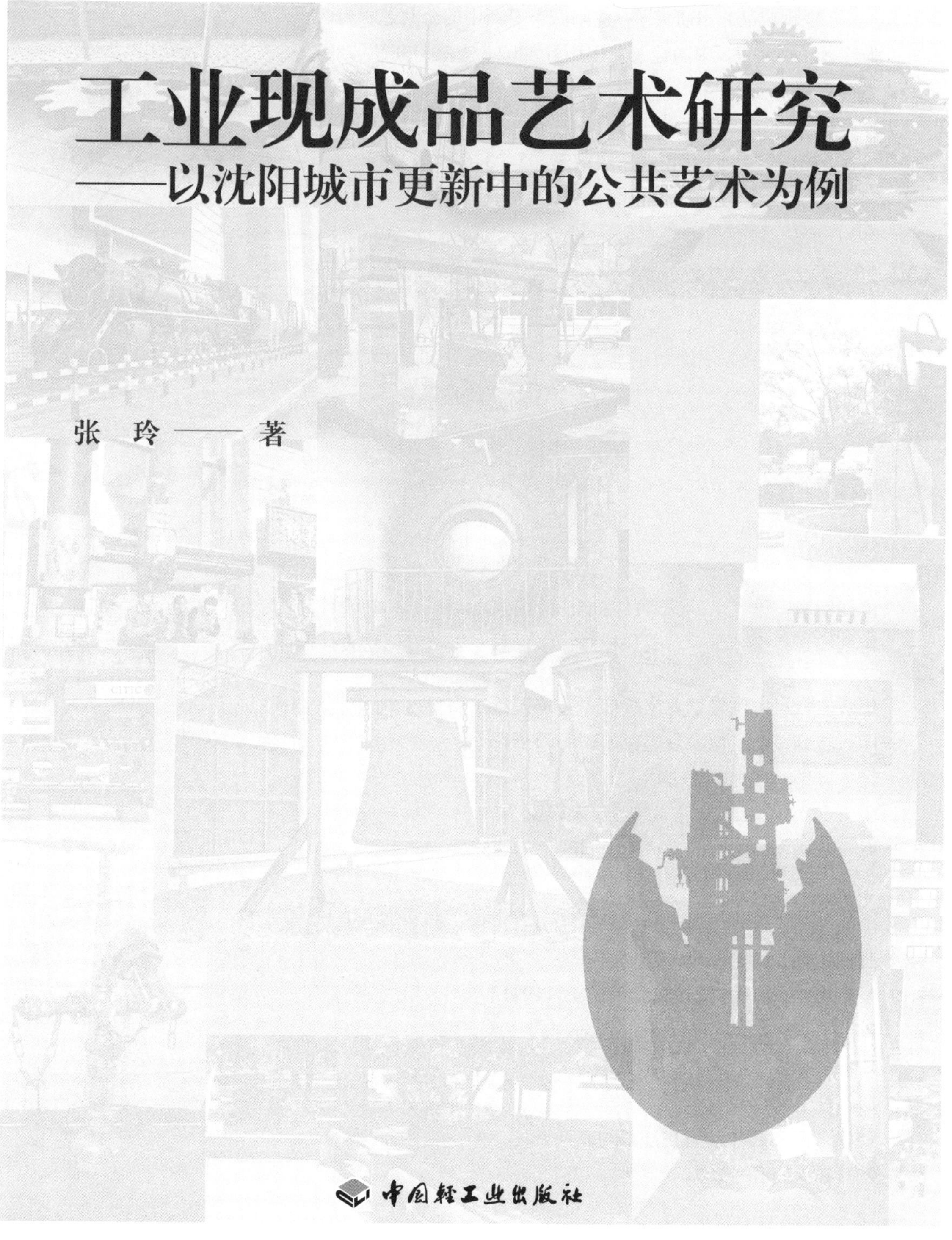

中国轻工业出版社

图书在版编目（CIP）数据

工业现成品艺术研究：以沈阳城市更新中的公共艺术为例/
张玲著. -- 北京：中国轻工业出版社, 2025. 4. -- ISBN 978-7
-5184-5166-1

Ⅰ. TU27

中国国家版本馆CIP数据核字第2024P37G85号

责任编辑：徐　琪　　责任终审：劳国强　　设计制作：锋尚设计
策划编辑：徐　琪　　责任校对：朱　慧　朱燕春　　责任监印：张京华

出版发行：中国轻工业出版社（北京鲁谷东街5号，邮编：100040）
印　　刷：北京博海升彩色印刷有限公司
经　　销：各地新华书店
版　　次：2025年4月第1版第1次印刷
开　　本：710×1000　1/16　印张：14.75
字　　数：300千字
书　　号：ISBN 978-7-5184-5166-1　定价：69.80元
邮购电话：010-85119873
发行电话：010-85119832　010-85119912
网　　址：http://www.chlip.com.cn
Email：club@chlip.com.cn

221113W3X101ZBW

序

东北地区公共艺术研究的奠基之作

东北是我的家乡，也是我最早参加工作的地方，所以我对东北地区的美术圈有一定了解。所谓美术圈，自然是既包括艺术实践也包括理论研究的。在艺术实践上，东北地区历来就不乏豪杰，鲁迅美院20世纪50—70年代的一些作品，声名显赫的北大荒版画，都是业界公认的经典。但在理论研究方面，我印象中的东北地区是有些薄弱的，除了以前在美术史领域有些研究还不错，近些年来在现当代美术研究领域——至少与该地区艺术创作成就相比，是有些逊色的。或许是因为这种未必准确的陈旧印象作祟，在看到张玲博士所著《工业现成品艺术研究——以沈阳城市更新中的公共艺术为例》时，我被惊艳到了。这本书所承载的精准主题和丰厚内容，让我意识到，这不但是作者在公共艺术研究领域的开篇之作，也够得上是东北地区公共艺术研究的奠基之作。

研究基础扎实可靠，是这本书的首要特征。这里说的研究基础，是指选题的真实性、研究材料的可靠性、文献综述的完整性和基本概念的清晰性。本书以沈阳近些年来出现的工业现成品艺术为主要研究对象，在选题上既有实际社会意义又有学术前瞻性，即便放在国内外公共艺术研究的大背景中，也有独立意义。作者致力于解决现实中存在但经常被研究界忽视的工业现成品艺术问题，研究内容包括沈阳工业遗存中现成品艺术的基本设置、工业现成品艺术的在地语义、此类工业现成品艺术设置中还有哪些不足等。研究这样的主题，自然无法仅凭头脑想象完成，也无法用天下文章一大抄的方法解决，因此本书的所有论证都建立在以个人直接观察和经验为基础的调查研究基础上。走出校园，去现场，拍图像，找数据，做咨询，拿实证材料和量化数据说话，这种深入社会现实展开实际调研的方法，是国际上公共艺术研究的主流方法，与一般学院派美术史的工作方式有较大差别，就像2018年瑞典公共艺术机构的《公共艺术研究报告》说的“相比之下，在艺术史和艺术批评学科中，研究公共艺术项目往往侧重于品质体验、语境接受和符号维度，因此侧重从批判理论和应用美学中汲取方法论。然而，作为初步观察就须注意，方法论似乎与公共艺术没有很好的关联，这类学科往往在大学校园之外的实践领域有更大的立足点，例如建筑学。这可能意味着，一些学科的知识生产工作与大学以外的实践有更紧密的关联，并以超越传统同行评审的方式进行传播。”（*Public Art Research Report*，p.18）据此说或许可以把本书使用的研究方法称为调查取证+演绎推理+认知判断。提出假说，观察现场，搜集资料，这是调查取证；验证假说，归类整理，形式分析，这是演绎推理；美学评判，意义阐释，这是认知判断。作者不辞劳苦地深入现场调查取证，其调查范围遍及沈阳市多个行政区，调查所涉及的公共艺术项目和作品类型多种多样，从大的地理遗存，如厂址和车站，到小的器物遗留，如齿轮和机床，都进行了类型归纳和数据排列，如同建立了一个小型样本库，为本书的大部分论证提供了坚实的资料基础。也由于公共艺术是一个比较新的研究领域，现有知识体系还很不完备，所以作者为确认一些基本概念（如现成品、工业遗存等）的准确含义也做了大量工作。事实上，任何研究者在说明复杂的想法或有效地传达技术内容时，都需要对其所使用的每一个主要概念或术语给出确切定义，这是至关重要的，没有这个基础或没做这个工作，所谓学术研究也就不存在了。

叙事逻辑严谨清晰，论点简洁明确，直观易懂，是本书的又一重要特征。如果将这个特征放在近数十年来国内美术学研究大背景上，那就不仅是特征而是有些不同寻常了。我这样说，是因为我个人在以往阅读中，常常觉得美术学科的很多著述（尤其是论文）会比其他人文学科的书更不好懂，堆砌晦涩术语、制造玄虚概念、生搬硬套半生不熟的翻译文本或模仿古文腔调等问题，是屡见不鲜的。出现这种现象的原因之一是认知障碍，是在没弄懂所论事物的前提下还要做出对该事物特别懂的样子并对该事物强行进行解释和判断所致。物理学大师爱因斯坦和理查德·费曼都说过大致相同的话，就是如果你不能对一个孩子解释你的工作，那就说明你对自己的工作并不了解。而从知识传播的难易程度上说，美术学理论显然不会超过相对论和量子力学，因此我有理由认为，近些年来时常出现的那种能把美术学著作或论文写成天书的现象，除了能证明作者还没有入门之外似无更多意义。好在我眼前的这部文稿没有染上这种行业病，它的逻辑框架清晰严谨，叙事语言简明易懂，对图像的描述也有鲜明的指认性（可以文图互证）。一般说，通过文字语言来描述视觉艺术作品，意味着将眼睛观察到的视觉现象转化为用手去写的文字语言，这对任何写作者来说都是艰巨挑战——你不仅要描述作品，还必须用你的描述来支持你的论点，因为我们的所有的论据和分析都来自作品的形式元素。研究者首先要关注作品的形式元素，包括线条、媒介、颜色、光线、空间、构图、风格等；其次，要考虑作品的背景，包括创作者、时间、历史条件、地点等。只有这样做才能将一切论断都结结实实地置于艺术作品之上。而本书在分析工业现成品艺术时正是这样做的，比如这样描述作品空间位置："并置是视觉空间上纯粹的位置关系的构成，包括上下、左右、前后的放置，在三维空间中合理控制单一元素的数量，重复出现的单元使整体富于秩序的美感。"或这样描述作品与环境的关系："蒸汽火车是时代的产物，现已退出历史舞台，但是这么一个陈旧的家伙被放置在商场建筑群这样非常现代化的空间中时，黢黑的火车都与周围明亮的建筑外墙对比明显，也使得该作品的视觉效果十分震撼，亦具有历史记忆的传达功能。”这些文字看似普普通通、简明平实，没有丝毫费解之处，但实际上是精准有力的“靶向描述”，能恰到好处地传达出观察者的直观感受和视觉对象的样态，任何阅读者都会轻松地从这些文字中获得准确无误的视觉信息，没有任何含混不清之处。这是以文字描述视觉对象所能达到的最佳境界——词达而已矣。

同样的，这种能力也体现在对工业现成品艺术创作手法的分析上。作者在第三章中将这些作品分为整体利用、部分改造和借用三种方式，又在进一步分析中将整体利用类作品归结为三种形式：并置、堆叠和重置；将部分改造类作品归结为集合、上色两种形式，均辅以现场拍摄的图片为证，从宏观角度梳理概括了沈阳工业现成品艺术的展陈样式。第四章是对相关作品的语义分析，其实任何艺术作品的语义都容易歧义纷呈，不容易说清，公共艺术更是牵涉广泛之物，判断其真实语义往往会吃力不讨好。好在本书作者能借助图像学方法，开辟清晰的思维通道，以最简单直接的方式将读者引领到作品的思想森林的深处。而所谓图像学分析，也就是语义分析，即通过对某种视觉或文本表面形式的分析揭示出其背后所隐藏的真实意思，这个真实意思必不是视觉形式本身的意思，也就是A不是A而是B或C或D（如一个心形并非指人体某器官），这种致力于揭示A形式与B思想的复杂关联（如一个心形象征爱心）的工作，就是通常说的符号研究了，如果在学术上不特别矫情，就可以说图像学是符号学的一部分。作者依据潘诺夫斯基图像学的三级模型方法，在研究中设立了功能含义、习惯含义和象征含义三个分析指标，丝丝入扣地分析了机床、钢包、钢钎、吊钩、齿轮等工业现成品的多层含义，将那些曾经叱咤于历史深处的重工业的、历史的、重大的风云事件，以及与这些风云事件同时出现的集体主义思想情感一一传唤到我们眼前，让我们在这些巨大的有深刻象征意义的作品面前再一次领略历史与文化的厚重，也对眼前这些已被废弃的工业现成品有了更具精神性的了解。

审美研究，虽然不是公共艺术研究中的最重要维度，但确是工业现成品艺术价值体现的最重要维度，在原本不是为审美而创造的事物上发现美，是本书在第五章展开的一个特殊视角，这一章也是本书理论性最强的部分，包含对公共艺术基本性质和艺术性两部分内容的讨论。作者首先论述了能决定公共艺术基本性质的在地性、公共性和艺术性问题，其中在地性是核心，因为只有在地才能使公共艺术不同于一般雕塑，也只有在地才会使公共艺术有别于普遍的概念化的审美而被赋予独特美感。作者认为工业现成品艺术有助于老工业城市中的居民获得在地性的认同感，能打破日常生活审美的单调属性而开辟新的场所经验和城市记忆功能，而一座城市正是因为有了这样的美感存在才生机勃勃的。接下来又讨论了场所精神和日常生活审美两个大话题，这实际上也是对前面话题的延伸，因为通常所说的场所精神（spirit of place）也必然指向在地性——只有独特和与众不同的场所才拥有值得珍视的精神属性，在地居民正是由此获得认同感和归属感的。一般说，场所精神属性主要来自两个方面，首先是有形的物理特征，如纪念碑、边界、河流、树林、建筑物、乡村、道路、景观等；其次是无形的文化特征，如故事、艺术、记忆、信仰、历史等；当然还有人际关系，如亲戚、朋友或志趣相投的人等，也是意义非凡的存在。如果用一句话概括这些，大概就是所谓风土人情吧。俗语“一方水土养一方人”的“养”，不但指生养、喂养、培养、穷养或富养，也包括精神养育，公共艺术是可以成为地方精神养育的良好资源的，前提是它必须融入一城一地的社会生活，成为该城该地风土人情的有机组成部分。书中描述的那些坐落在不同地理位置上的工业遗址和样式繁多的机械物件，或大或小，或声名显赫或默不作声，都是对曾经发生在东北这座老工业城市中的历史事件的无声怀念。正如美国学者亚历山大所说“一个人、一个城镇、一栋建筑或一片荒野都具有一种核心品质，它是生命和精神的根本标准……为了定义建筑和城镇的这种品质，我们必须首先理解，每个地方都是由那里不断发生的某些事件模式赋予其特征的，这些事件模式总是与空间中的某些几何方位相联系的。”（Christopher Alexander. *The Timeless Way of Building. New York: Oxford University Press*，1979，p.9–10）或者由于这个话题太大，也很沉重，或者是考虑到全文结构的完整性，书中对于场所精神和日常生活审美的研究似乎只是点到为止，并未完全展开，这就有理由让我对作者未来的研究有所期待，希望看到作者能在今后的研究中将观察视角更多地投射到地方性的风土人情方面，这样就能使公共艺术研究成为真实存在的社会人心的寄托。

上面这些零零散散的话，是我作为书稿读者的一些体会，不一定全面，但没有虚言，都是与阅读过程相伴随的真实感受，同时我也对张玲博士近些年能在学术上取得如此进步深感欣慰。我知道她毕业后在母校工作的时间还不算很长，就能拿出这样的研究成果，可知她必是勤奋的、向上的、热爱自己所从事的研究工作的，否则不可能完成这样一部实证与逻辑并重，学力与才情齐飞的理论著作。同时我还认为，这部文风清朗的学术著作不仅标志个人研究成果，更为东北地区的公共艺术研究确立了新标杆。很希望这本书能成为一个良好开端，带动东北地区的公共艺术研究深入持久进行，更希望东北地区的公共艺术研究能继续得到教育管理部门的大力支持，让国内当下最有研究价值和潜力的公共艺术研究，在振兴东北老工业基地的历史进程中大放异彩。

王洪义

2024年9月29日

前 言

身处都市，笔者一直在思考艺术到底能为我们的城市做些什么？于是乎，笔者从身边开始发掘，找寻那些隐藏在我们生活的空间中，又为城市带来新面貌的艺术品。进而，尝试挖掘这些艺术品背后的内容，希望通过自己的研究成果，为城市的更新提供一些微薄的建议和参考。

本书以工业遗存改造而成的现成品艺术为研究对象，围绕沈阳工业现成品艺术的改造情况展开论述，主要分为九章：绪论，总述本书的研究意义和研究方法；第一章，运用田野调查法实地考察了沈阳工业遗存的现状，调查时间为2014—2018年，统计出这五年间涌现出的工业现成品艺术的分布地及数量；第二章，对沈阳工业现成品艺术进行分类，根据创作类型、所处空间、传达内容及功能的不同，将类别进一步细化，全面、整体地把握沈阳工业现成品艺术涉及的具体领域和功能范畴；第三章，客观分析沈阳工业现成品艺术的创作方式，总结归纳具体的艺术手法；第四章，尝试解读沈阳工业现成品艺术的文化语义，借鉴潘诺夫斯基的图像学研究方法，从功能含义、惯例含义、象征含义逐层解读工业现成品所代表的特定语义，语义的解读为工业现成品找寻文化根源，为其改造提供文化支撑；第五章，继续挖掘工业现成品艺术背后的审美特质，探讨工业现成品艺术的属性，并由此研究公众的审美转向问题；第六章，从环保、文化、经济、视觉四个维度发掘工业现成品艺术在老工业城市更新中的功用和价值；第七章，参考沈阳近几年的改造实践，总结工业现成品艺术在设置上的经验和不足之处，为未来的城市更新提供建议和参考。结语部分是对全书内容的总结梳理。

通过研究，笔者发现艺术可以用它独有的魅力为我们的生活空间带来诸多变化，为城市的文化重塑增加亮点，也可以解决城市景观雷同带来的“千城一面”问题。另外，笔者也期望本研究能为老工业城市的公共艺术实践和研究提供案例参考，并填补国内学术界对工业现成品艺术研究的空白。

张玲

2023年12月于沈阳

目　录

绪 论

工业城市因历史原因遗留下大量工业遗存，如何将工业遗存再利用，是当下老工业城市所面临也亟待解决的问题。以沈阳为例，近些年在广场、街道、商业区、博物馆等公共场所中相继出现了由工业现成品改造而成的现成品艺术。这些现成品包括各种工业设备、器械、拆卸下来的零部件以及废弃车辆等，如机床、天车、钢包、钢钎、齿轮、皮轮、吊钩、管道、蒸汽机车和绿皮车厢等，通过艺术的手段被打造为城市中的景观雕塑或公共设施，这些改造而成的现成品艺术已成为沈阳城市公共艺术的重要组成部分。工业现成品以艺术品的形式展示了城市的历史记忆，也反映出沈阳这座城市在更新过程中对固有文化的保留。

第一节　研究对象和意义

本书以沈阳这座老工业城市更新中涌现出的工业现成品艺术为主要研究对象，之所以圈定沈阳为研究范畴，一方面是因为沈阳拥有得天独厚的工业背景。沈阳是一座全国闻名的重工业城市，曾为新中国的建设立下汗马功劳，被誉为“共和国工业长子”。历经20世纪80年代开始的国企改革后，大量重工企业倒闭或搬迁，在原址遗留下大量的工业遗存，这些工业遗存为现成品艺术的创作提供了充足的原材料，而将废旧工业器件改造成城市公共空间中的艺术品，也成为老工业基地更新改造过程中环境建设的重头戏之一。另一方面，作为土生土长的沈阳人，笔者对这座城市的发展变化感受颇深，也有开展实地调查的便利条件。

这里需要说明的是，作为术语的“工业现成品艺术”，通常是指直接利用工业遗存中的废旧器件稍加处理而呈现的艺术品，但本书中对“工业现成品艺术”概念有所拓展，它不仅包含直接利用工业废旧器件集合而成的艺术品，还包含借用工业现成物的造型并运用新材料创作而成的艺术品。工业现成品艺术有诸多研究角度，本书是从艺术的角度对其进行解读和研究，围绕三个问题点而进行分析和论述的：第一，目前沈阳工业遗存中现成品的基本设置情况是怎样的？第二，工业现成品艺术在城市更新中的作用是什么？第三，沈阳的工业现成品艺术在实施过程中有哪些经验和不足？

如何有效地再现和保留城市的固有特色，防止千城一面或城市风貌趋于相近的现象，是目前大多数城市在更新中亟待解决的问题。对于沈阳这座老工业城市而言，工业现成品的艺术改造就是保留城市记忆、再现城市特色的一种直观、环保、经济的有效方式。此外，对沈阳工业现成品艺术的研究能为其他老工业城市在利用现成品进行景观改造方面提供式样及方法上的参考。工业废弃物通过艺术手段使其具备了新的功能和价值，稍加改造就可成为城市中的一处景观，获得新生。这种改造方式值得在老工业城市中推广：从环保角度看，对工业现成品的改造是一种循环性的再利用，更有利于环境保护；从经济角度看，工业现成品艺术的创作成本较低，有效的再利用满足了城市发展的经济原则，同时，这些工业现成品艺术作为城市的“文化资本”可以带动地方的文化创意产业和旅游业的繁荣，促进文、商、旅三者融合发展；从城市记忆的角度看，对大多数市民来说，改造后的现成品艺术具有强烈的熟悉感，这有助于唤起市民的文化认同感和自豪感，同时能够为市民带来更多的美感享受并提升其艺术水准；从城市形象的角度看，工业现成品艺术的出现可以间接提高城市的知名度，形成城市名片，塑造工业城市新形象。由此，对沈阳工业现成品艺术的研究无疑具有重要的现实意义。

此外，本研究能为新一轮振兴老工业基地的具体举措提供参考。关于振兴东北老工业基地的战略从2003年开始，直至2016年国家提出新一轮振兴东北老工业基地的战略意见，逐渐从宏观指导走向具体举措的尝试。其中，2009年、2014年和2016年的意见中[1]，强调文化产业的重要性，而文化产业的繁荣需要打造地方特色文化品牌，工业文化就是沈阳这座老工业城市固有文化的重要组成部分，工业现成品艺术作为工业文化的载体，对它的研究能为振兴东北老工业基地的进一步具体举措提供参照。2003年，《中共中央、国务院关于实施东北地区等老工业基地振兴战略的若干意见》（中发〔2003〕11号）正式印发，同年，国务院出台了关于成立国务院振兴东北地区等老工业基地领导小组的决定（国发〔2003〕28号）。2009年，《国务院关

[1] 文中涉及国家关于振兴东北老工业基地的战略意见资料来源均为中华人民共和国中央人民政府官方网站。

于进一步实施东北地区等老工业基地振兴战略的若干意见》（国发〔2009〕33号）中，“优化经济结构，建立现代产业体系”条提到：“贯彻落实文化产业调整振兴规划，支持文化创意、出版发行、影视制作、演艺娱乐、文化会展、数字内容和动漫等文化产业加快发展，打造具有东北地方特色的文化品牌。加强公共文化基础设施和文化惠民工程建设，完善公共文化服务体系。加大文化遗产保护力度，扩大对外文化交流。大力发展旅游业，抓紧研究出台东北地区旅游业发展专项规划，加强旅游基础设施建设，发展一批特色鲜明、吸引力强的旅游目的地，提高管理服务水平，建立大东北无障碍旅游区。”2009年的《意见》中着重强调通过实践活动打造地方特色文化品牌。2014年，《国务院关于近期支持东北振兴若干重大政策举措的意见》（国发〔2014〕28号）中第十二条提到：“加强旅游设施建设，提升旅游业竞争力，打造大东北旅游品牌。扶持东北地区文化创意、影视出版、演艺娱乐等文化产业发展。”从中可以看出，2014年的《意见》再一次强调文化产业和打造文化品牌的重要性。我国政府在2016年通过了《中共中央　国务院关于全面振兴东北地区等老工业基地的若干意见》（国务院公报，2016.05.10　2016年第13号，总号：1552），其中第二十一条写道：“推进城市更新改造和城乡公共服务均等化。积极稳妥推进城区老工业区搬迁改造，对相关企业视情况实施异地迁建、就地改造和依法关停，促进调整产业结构、完善功能布局、修复生态环境和改善民生。”条款里提出城市在更新改造中应关注环境问题。并强调关注和利用地域文化，“依托自然、历史、文化、民族等优势，加快发展一批特色魅力城镇。”沈阳市人民政府办公厅印发的《沈阳市贯彻落实东北振兴“十三五”规划工作任务分工方案的通知》（沈政办发〔2017〕14号）中提到：“大力发展生态、工业、文化旅游，推动全域旅游发展，打造国际知名旅游目的地。”“推进文化业态创新，扩大和引导文化消费。”上述文件都提到了利用地域文化为城市发展提供助力，发展文化产业并重振东北老工业基地等内容，可见对于振兴老工业基地具体举措的研究势在必行。

在学术意义方面，本研究能为城市更新中工业遗存改造的具体实施情况提供翔实的地域性调研资料、案例分析以及学术上的参考。工业现成品艺术的来源是工业遗存，学术界对工业遗存的研究是近些年才兴起的，因为“工业遗存是工业文明发展历程的见证，它们参与了文明进步的过程，是该地区历史和文化的物质载体。从这个意义上讲，工业遗存具有一定的历史价值。”[1]如今在城市更新运动中，所有的老工业城市都面临着如何对待工业遗存的问题，对工业遗存的保护性再利用正逐渐受到政府和市民们的关注，进而试图通过一系列改造发挥其最大的价值和用途。沈阳作为典型的重工业城市，对工业遗存的改造实践无疑具有代表性和典型性，关于这种地域性工业遗存现状的研究对学术界来说具有崭新的价值。从2014年至2018年，笔者翔实地调查了工业遗存中现成品的数量、分布、改造状况等，这些客观数据均对地域性工业遗存研究进行了补充。

沈阳的工业现成品艺术属于城市公共艺术范畴，研究结果能为城市公共艺术领域的研究提供新材料，并为现成品艺术介入城市空间的实践提供案例支撑。工业现成品艺术是城市文化记忆的载体，能够传承城市的文明，有别于其他类型的公共艺术，这种通过艺术形式，融入城市历史文化的实践活动能够潜移默化地影响市民的思想和行为，而且在介入公共空间中更易得到市民的接受和喜爱。曾经的工业装备和器械转换成现成品艺术之后，打破了艺术与生活的界限，不仅拓宽了艺术表现的边界，也拉近了艺术与生活的距离，更改善了大众与艺术长期以来的隔膜。如今，利用工业现成品创作而成的现成品艺术不仅美化了城市环境，还提升了城市形象。解读沈阳的工业现成品艺术的改造方法，探讨工业现成品艺术从功能性向审美性转化，将艺术的功能最大化的途径，也是对现成品艺术在城市公共艺术领域的实践应用情况做一理论上的补充。

现成品艺术被公认的创作手段，即艺术家通过特定观念的表达赋予现成物以灵魂，传达出新的社会环境下人们的生活观念与精神世界。而工业现成品艺术中蕴含了工业文化的含义，是工业历史的见证，对工业现成品艺术的语义解读拓展了现成品艺术的研究范围，通过具体案例分析艺术形式、解读背后语义、发掘审美特质和社会功能也为现成品艺术的研究提供了翔实的材料和理论支撑。

[1] 郭琦，朱京海. 工业遗存概论［M］. 沈阳：辽宁科学技术出版社，2011：7.

第二节　国内外研究现状

通过对国内外相关研究的梳理，将现有文献归纳为以下三部分内容：城市趋同性问题批判研究、沈阳工业遗存研究及工业现成品艺术的美学价值和功能研究。

一、城市趋同性问题批判研究

城市的趋同性问题是伴随着城市更新而产生的，城市更新是西方对城市改造的专有词汇，而城市改造是中国城市发展中对建筑、基础设施、城市环境等改建的通用叫法，与城市更新同义。城市更新包括新城开发与旧城改造，无论是新城开发还是旧城改造，很多城市都面临着“千城一面”的窘境，曾经国际主义风格的盛行导致全球多数城市景观具有趋同性的现象。针对这个问题，部分学者进行了批判性研究并提出建议或解决途径。

美国社会活动家简・雅各布斯（Jane Jacobs）针对现代主义城市规划进行批判性研究，其代表性专著《美国大城市的死与生》中以美国的大城市为例，强调城市多样化的必要性。雅各布斯以纽约、芝加哥等大城市为研究对象，考察城市的结构以及基本构成元素在城市中发挥功能的方式，雅各布斯称这种复杂性为城市的多样性，并提出“多样性是城市的天性”（Diversity is nature to big cities），根据城市更新中不同的城市问题提出了不同的策略。1961年，美国城市规划理论家刘易斯・芒福德（Lewis Mumford）出版了他的著作《城市发展史——起源、演变和前景》，阐述了他对西方城市发展历史的综合思考，重点阐述了城市的形式和功能及城市产生的目的。在阐述城市发展的过程中，芒福德用一种多视角的方法，将城市的宗教、政治、经济、社会等各种活动与城市的规模、结构、形式、设施的演变和发展结合起来，并揭示了这两大方面的相互联系和影响。芒福德还在书中关注了城市与文化的关系，对城市与文化的关系也有诸多形象的比喻，诸如“城市是一种贮存信息和传输信息的特殊容器。”[1]他进一步解释道：“城市有包涵各种各样文化的能力，这种能力，通过必要的浓缩凝聚和储存保管，也能促进消化和选择。”[2]芒福德强调，城市规划应当以人为中心，注意人的基本生理需要、社会需求和精神需求，城市建设与改造应当符合“人的尺度”[3]。他还提到：“城市的主要功能是化力为形，化能量为文化，化死的东西为活的艺术形象和音标，或生物的繁衍为社会创造力。”[4]美国城市规划家凯文·林奇（Kevin Lynch）在《城市意象》中讲述了有关城市意象的可读性，这里的意象指的就是城市的景观面貌，他着眼于城市景观的清晰或“可读性”[5]，这种可读性也是城市建设的关键。其中，“环境意象经分析归纳，由三部分组成：个性、结构和意蕴。”[6]这个意蕴就是文化的塑造。“五种元素——道路、边界、区域、节点和标志物”[7]是城市意象中的具体物质形态，林奇发展了“节点”的概念，他认为，地形特征、地标构筑物、主要建筑物、公共开放空间这些在精神地图中可作为易识别的标志。根据林奇的观念，工业现成品艺术是具有城市特色的景观艺术，属于城市中的“节点”。

早期解决城市趋同性问题的实践有城市美化运动（City Beautiful movement）[8]。城市美化运动兴起于19世纪，是以巴黎和维也纳为代表的城市市区改造运动，该运动在20世纪全球众多城市的再开发中得到广泛的发展。总而言之，城市美化运动是应对“城市病”的出现而最早进行的城市景观再造运动，是城市建设中尝试景观改造的美学实践。在理论研究方面，澳大利亚学者德波拉·史蒂文森（Deborah Stevenson）在她的著作《城市与城市文化》中强调文化对城市的重要性，并在书中探讨了城市美学实践与城市文化之间的

[1] 刘易斯·芒福德. 城市发展史——起源、演变和前景［M］. 宋俊岭，倪文彦，译. 北京：中国建筑工业出版社，1989：75.

[2] 同①：412.

[3] 同①：413.

[4] 同①：419.

[5] 凯文·林奇. 城市意象［M］. 方益萍，何晓军，译. 北京：华夏出版社，2001：2.

[6] 同⑤：6.

[7] 同⑤：35.

[8] 城市美化运动主要指19世纪末、20世纪初，欧美许多城市针对日益加速的郊区化倾向，为恢复城市中心的良好环境和吸引力而进行的城市“景观改造运动”。

关系。她指出，现代主义风格影响下的城市规划较为单一，但后现代主义却尝试着建造与本土社群及其历史相关联的人工环境，这是在强调文化的重要性。史蒂文森还提到两种城市再开发和形象重塑的模式，即节庆市集（Festival marketplace）和文化规划（Cultural planning），这两种实践的目的均为塑造和改良城市形象。莎朗·祖金（Sharon Zunkin）在《城市文化》中提到文化是“控制城市的一种有力手段”[1]，进而提出城市如何利用文化为经济服务，将文化作为城市发展的一种策略。美国规划学者哈维·佩尔洛夫（Harvey S. Perloff）在《用艺术提升城市生活》中提出了利用文化规划的方法，以达到社区文化认同与社区文化资源运用的目的。国内学者单霁翔在《从功能城市走向文化城市》中提出了“城市文化支撑城市发展”[2]，而“城市文化特色来源于城市的文化资源和历史底蕴”[3]，由此提出了利用文化发展城市建设的解决途径。

在解决城市趋同性问题的研究过程中，还有一些学者提出了绿色环保的理念，这些理念也从另一个角度提供了解决问题的思路。丹麦建筑师扬·盖尔（Jan Gehl）在《人性化的城市》中提出了美好城市的品质包括：“充满活力的、安全的、可持续的、健康的。”[4]一座城市的可持续发展要强调人性化的特质，尤其是气候、资源与绿色的城市规划。美国建筑师威廉·麦克唐纳（William McDonough）和德国化学家迈克尔·布朗嘉特（Michael Braungart）在他们的合著《从摇篮到摇篮：循环经济设计之探索》（*Cradle to Cradle: Remaking the Way We Make Things*）中从环保的角度对升级再造（Upcycling）进行了深入的探讨。他们陈述道：“‘从摇篮到坟墓’的设计思路导致了千篇一律的设计风格，也导致了文化的单一，蛮力和千篇一律的设计风格常常会扼杀自然界和文化的多样性，导致单一和贫乏。”[5]而“从摇篮到摇篮”（Cradle to Cradle）的这种绿色环保理念，正是一种真正的循环模式，因为升级再造的目标是保护废弃的但仍有潜在利用价值的物品。通过再利用的方

---

[1] 莎朗·祖金. 城市文化［M］. 张廷佺，杨东霞，谈瀛洲，译. 上海：上海教育出版社，2006：1.

[2] 单霁翔. 从功能城市走向文化城市［M］. 天津：天津大学出版社，2007：52.

[3] 同②：186.

[4] 扬·盖尔（JanGehl）. 人性化的城市［M］. 欧阳文，徐哲文，译. 北京：中国建筑工业出版社，2010：6.

[5] 威廉. 麦克唐纳，迈克尔. 布朗嘉特. 从摇篮到摇篮：循环经济设计之探索［M］. 中国21世纪议程管理中心中美可持续发展中心，译. 上海：同济大学出版社，2005：30.

式，减少了创造新产品时的加工费用，减少对新品的使用就是减少对能源的消耗、对空气和水的污染，甚至是减少温室气体的排放。做到“从摇篮到摇篮”的循环式再利用，变废为宝，这也是对现成物实施再造的价值所在。

二、沈阳工业遗存研究

工业遗存是工业历史的遗留物，是工业文化的物质载体。目前，对沈阳工业遗存的研究文献包括理论研究以及地域性的调研报告。

郭琦、朱京海在《工业遗存概论》中对工业遗存的基本理论进行了概述，对工业遗存的范围进行了更为明确的界定，涵盖了工业遗产和工业文物。国内学术界的不少研究文献中对工业遗存的范围界定不清，常与工业遗产、工业文物相混淆，就其本质而言，三者所涉及范围大小不一，如果从大到小排列，依次应该是工业遗存、工业遗产、工业文物，因为“工业遗产较工业文物扩展到非物质文化遗产领域，而工业遗存较工业遗产，不仅仅涉及那些具有特殊代表性的遗产，还包括具有一般价值的遗存。”[1]工业遗产和工业遗存的构成要素均包括物质资源以及附属的非物质资源，但二者有各自的侧重点：工业遗产强调价值的特殊性，这个价值既包括历史文化、艺术审美和科学技术价值，也包括经济利用价值和社会情感价值；而工业遗存强调的是一般价值和普遍价值。因此，可以这样总结：工业遗产只是工业遗存的组成部分，工业遗存的范围更广，工业遗存不强调特殊价值和代表性价值，更多的是强调其一般价值和普遍价值，由此更具有普遍的意义，这是二者最大的区别，这种普遍性也为工业遗存的改造提供了更为宽广的创作空间，也是工业现成物能够改造成为城市公共艺术的重要原因。

工业遗存研究隶属于工业文化研究领域，“工业文化是伴随着工业化进程而形成的，是渗透到工业发展中的物质文化、制度文化和精神文化的总和，旨在从产业层面、制度层面、精神层面推动工业文化发展，更好地发挥工业文化对制造业的柔性支撑作用。”[2]国外在涉及工业文化（Industry

[1] 郭琦，朱京海. 工业遗存概论［M］. 沈阳：辽宁科学技术出版社，2011：1.
[2] 戴正宗. 工业文化增强中国制造软实力［N］. 中国财经报第六版，2017-2-9.

Culture）的多数相关文献中，均将工业（Industry）作为一种行业，工业文化则是指行业文化。而国内的相关文献中将工业文化的范围和意义延伸，“工业文化包括了工业物质文化、工业制度文化和工业精神文化三个方面。”其中，工业精神文化包含的内容最为丰富，“包括体现工业生产力水平的科技与技能、工业文化活动与宣传、工业价值观念和规范、工业文学艺术和影视作品等。”[1]工业遗存改造而成的艺术作品就属于工业精神文化的范畴。2016年12月30日，工信部联产业（〔2016〕446号）印发《工业和信息化部 财政部关于推进工业文化发展的指导意见》，明确未来的5—10年时间，主要任务是“发扬中国工业精神、夯实工业文化发展基础、发展工业文化产业、加大工业文化传播推广力度；塑造国家工业新形象”。另外，王正林在《工业文化纵论》中对工业文化的意义是这样阐述的：“基于对工业文化的上述理解，结合中国社会的发展现状，从物质、精神及社会进步各个方面审视、解读工业文化，更有利于阐释工业文化在加速工业化、实现跨越式发展以及工业立市中的深刻作用和长远意义。”[2]王开在《辽宁工业文化》中聚焦了工人的生活、生产场景，表现他们自强不息的精神面貌，歌颂他们的奉献、创新精神。工人的这种奉献、创新、自强不息的精神就是工业文化的具体体现。工业遗存是工业文化的载体，而工业文化属于老工业城市固有文化的重要组成部分，打造地方文化品牌，需要城市固有文化的支撑，解读工业遗存中蕴含的工业精神文化便是其中一个重要的环节。

国内学术界对工业遗存的研究主要集中在两个方向：一是关于工业遗产的保护和再利用；二是一般工业遗存的开发和改造。

工业遗产属于有重要历史和文化价值的工业遗存，2006年4月18日被定为中国工业遗产保护日，并通过了《无锡建议》[3]，该建议的推行意味着中国工业遗产保护、管理和研究进入一个新阶段。同年5月，国家文物局下发《关于加强工业遗产保护的通知》，在国家层面拉开了中国工业遗产保护的

[1] 王新哲，孙星. 工业文化概念、范畴和体系架构初探［J］. 西北工业大学学报（社科版），2015（3）：33.

[2] 王正林. 工业文化纵论［M］. 合肥：安徽人民出版社，2006：32.

[3] 2006年4月18日，由国家文物局、国际古迹遗址理事会、江苏省文物局和无锡市人民政府联合举办的“中国工业遗产保护论坛”，通过了中国工业遗产保护的《无锡建议》。

序幕。“工业遗产是文化遗产的重要组成部分，加强工业遗产的保护、管理和利用，对于传承人类先进文化，保持和彰显一个城市的文化底蕴和特色，推动地区经济社会可持续发展，具有十分重要的意义。”[1]目前，对工业遗产保护和再利用的研究主要以某一个工业城市为具体的研究对象，在对遗产保护的基础上提出可行的利用方式，如宋颖的《上海工业遗产的保护与再利用》将工业遗产的保护再利用与城市的文化创意产业关联，研究在消费文化语境下的上海工业遗产的保护与开发；许东风的《重庆工业遗产保护利用与城市振兴》提出重庆的工业遗产利用与更新的制度制定以及实施办法。

对一般工业遗存的开发和改造研究，更多的是对改造或者开发的方式加以研究。如马航、宋聚生、戴冬晖在《西方废弃工业区的更新改造对策和实践》中总结了西方国家典型的更新模式，分析评估得失，将城乡规划学、建筑学、旅游学等学科交叉，从多层次研究废弃工业区的更新对策，总结出三种具体的更新模式。任保平的《衰退工业区的产业重建与政策选择：德国鲁尔区的案例》以德国的鲁尔区为研究对象，从产业经济的角度提出相关的战略和政策。陆军的《城市老工业区转型与再开发：理论、经验与实践》以城市中的工业区为研究对象，探讨老工业区的分类、历史形成及面临的问题等。

因为较强的针对性和地域性，目前关于沈阳工业遗存的研究文献有限，没有专著，只有相关著作中的简要介绍，如韦峰在《在历史中重构：工业建筑遗产保护更新理论与实践》一书中描述了沈阳铁西区工业建筑遗产改造项目，重点介绍了原有的铁西区重工业厂房、工人村住宅改造成博物馆、创意产业园的项目。此外，一些相关文章例如介绍沈阳工业雕塑的文章，发表在沈阳当地期刊、报纸中，往往以图片为主，文字为辅；还有一些期刊文章是研究沈阳公共艺术发展状况的，其中包含了一部分工业现成品艺术的内容，例如陈亮的《沈阳公共艺术发展探析》。2007年2月3日的《沈阳日报》上刊载了对沈阳工业遗存实地调查的报告——《关于我市工业文物保护情况的调研报告》，这是迄今为止沈阳市政府官方组织的最大一次规模的实地调研，调查的内容包括沈阳工业文化遗存，报告中提到“调查129户大、中型

[1] 单霁翔. 新视野·文化遗产保护论丛第一辑20世纪遗产保护［M］. 天津：天津大学出版社，2015：14.

企业，在这129户企业中，有工业文物的企业36户。目前尚存的36处工业文物遗存，大体分三种类型：第一种是清末至民国初期沈阳民族工业的一些遗存，有7处，主要集中在大东区；第二种是东北沦陷时期，特别是20世纪40年代日本侵略沈阳时期的工业遗存，有18处；第三种是1949年后国民经济恢复发展时期，特别是‘一五’时期发展起来的工业遗存，有11处。后两种主要集中在铁西区。另外，铁西区还有26处厂房、建筑等列为暂不拆除的范围。”这份调查报告是笔者进行实地调查的基础资料来源。

三、工业现成品艺术的美学价值和功能研究

目前为止，国内外没有直接研究沈阳工业现成品艺术的著作或文章，相关文献包括对现成品艺术和景观公共艺术的研究，主要从美学和功能的角度展开。

对现成品艺术的研究，可以追溯到杜尚，杜尚的“现成品”概念赋予了普通物品特殊的意义。前卫艺术家用“现成品”来取消艺术品与寻常物品的界限，随后引发了学术界对艺术边界问题的讨论。阿瑟·丹托（Arthur C. Danto）力图为艺术确定一个新的框架，他在《寻常物的嬗变——一种关于艺术的哲学》一书中探讨了寻常物和艺术之间的区别，也拓展了艺术的范畴和定义，他以安迪·沃霍尔（Andy Warhol）的《布里洛的盒子》（Brillo Boxes）为例。该作品对丹托的理论意义在于它提出了这样一个哲学问题：两件从外观上无法分辨的东西，为何其中一件是艺术品，而另一件不是？进而寻找艺术品和寻常之物的边界究竟在哪里？最后，丹托总结出“艺术是表现”，“假如一件艺术品未能有所表现，那么它就还不是一件艺术品。”[1]丹托的理论打破了艺术既有的概念和属性，他的理论对现成品艺术的研究有很大的启发作用，从而也拓展了艺术的定义。现成品艺术的出现导致了美学上一系列理论的出现，艺术与日常生活区分开来的观念正在消解。迈克·费瑟斯通（Mike Featherstone）提出了“日常生活审美化”（Aestheticization of

[1] 阿瑟·丹托. 寻常物的嬗变——一种关于艺术的哲学［M］. 陈岸瑛，译. 南京：江苏人民出版社，2012：206.

everyday life）的口号，“所谓日常生活审美化首先是指艺术活动的日常器物转化为艺术品，这的确是现代艺术的重要发展趋向。”[1]费瑟斯通在《消费文化与后现代主义》一书中提出在消费社会的客观环境下，艺术与生活互相渗透，艺术要融入日常生活中，日常生活要逐渐审美化。对当代日常生活审美化思想影响最大的，是约翰·杜威（John Dewey）的理论，他在《艺术即经验》一书提出要恢复艺术与非艺术之间的连续性，“恢复作为艺术品的经验的精致与强烈的形式，与普遍承认的构成经验的日常事件、活动，以及苦难之间的连续性。”[2]上述理论成果奠定了现成品艺术的美学价值。工业现成品艺术作为城市公共艺术，属于艺术范畴，因此具有审美价值，“一般的说，公共艺术具有与博物馆（美术馆）艺术或私人收藏的艺术品一样的独立的审美价值及功能。”[3]

工业现成品艺术也是城市文化景观的组成部分，作为一种景观公共艺术，具备了文化功能和经济功能。具有文化内涵的景观公共艺术更容易获得人们的心理认同，因为它发挥了文化的功能。罗兰·巴特（Roland Barthes）在其《符号学与城市》一书中探究了景观与城市文化的问题。因为巴特符号学的核心就是文化文本，通过城市文本，城市环境与城市生活被赋予特定的文化意义。巴特强调，城市文本就是那些不稳定的、短暂的意指（Signification）[4]不断地被转化为意符的场所。但是“巴特的这一研究完全忽略了城市文本之所以产生的社会和政治背景，而是强调了个体阅读与感官体验的优先性。”[5]我国学者翁剑青在《城市公共艺术：一种与公众社会互动的艺术及其文化的阐释》中指出：“如若公共艺术作品不能承载与体现本地域（包括民族）的文化精神、社会心理及审美经验，那么它就难以承担起艺术

---

[1] 周宪．文化表征与文化研究［M］．上海：上海人民出版社，2015：318.

[2] 约翰·杜威．艺术即经验［M］．高建平，译．北京：商务印书馆，2005：1-2.

[3] 翁剑青．公共艺术的观念与取向：当代公共艺术的文化及价值研究［M］．北京：北京大学出版社，2002：97.

[4] 在索绪尔那里，意指是指某个符号或符号系统与其所指涉现实的关系。罗兰·巴特进一步澄清了“意指”的含义，它是将能指与所指结成一体的行为，该行为的产物便是符号。也就是说，意指是一个“符号化过程”，是将所指与能指、外延与内涵结成一体的行为，该行为的产物便是符号。巴特在索绪尔对这个术语的使用上增加了文化价值的向度。

[5] 德波拉·史蒂文森．城市与城市文化［M］．李东航，译．北京：北京大学出版社，2015：76.

的公共性以及在此前提下应发挥的其他社会职能。”[1]特别是进入文化的多元化的当代社会，“艺术的功能除了承担它原有的美育社会、陶冶人性、干预社会（针砭时弊）及自身语言和观念的创造性探索之外，开始更多的与社会的整体文化及以当代社区建设任务为中心的公共事业密切关联。把艺术活动的社会化及艺术的公共参与作为营造广大普通公民共同的精神生活及审美文化的重要方式。”[2]

城市可以利用文化为经济服务，这也是建设城市文化景观的目的之一，因为“文化已经与城市的生产体系里的资本与身份交织在一起了。”而且“像任何其他商品一样，文化风景具有带动生产其他商品的可能性”[3]。这就是今天城市中兴起的文化产业，莎朗·祖金在《城市文化》中说道：“文化产业给整个经济既提供了产品，也提供了创新的想法。”因为“艺术博物馆、名牌专卖店、餐馆和其他专业化的消费低点为想法的交流创造了社会空间。”[4]这些对城市的经济增长都起到推动作用。城市的文化资源是一种“文化资本”，这个词最早是布尔迪厄（Pierre Bourdieu）提出来的，布尔迪厄认为文化资本的内涵包括：“①具体的状态，以精神和身体的持久的‘性情’的形式。②客观的状态，以文化商品的形式（图片、书籍、词典、工具、机器等）。③体制的状态，以一种客观化的形式，这一形式必须被区别对待，因为这种形式赋予文化资本一种完全原始性的财产，而文化资本正是受到了这笔财产的庇护。”[5]我国学者张鸿雁在《城市文化资本论》中进一步将文化资本的概念与城市研究相结合，提出了城市文化资本的理论，他在书中指出城市的标志性景观是城市的符号，包括城市雕塑景观以及城市家具，将这些城市文化资本的要素进行整合与创新，通过运作，实施城市品牌文化战略，“开发、塑造城市文化资本并提出相关再生产理论，是为了创造城市发展的

[1] 翁剑青．城市公共艺术：一种与公众社会互动的艺术及其文化的阐释［M］．南京：东南大学出版社，2004：79.

[2] 同①：51.

[3] 莎朗·祖金．城市文化［M］．张廷佺，杨东霞，谈瀛洲，译．上海：上海教育出版社，2006：10.

[4] 同③：11.

[5] 布尔迪厄．文化资本与社会炼金术——布尔迪厄访谈录［M］．包亚明，译．上海：上海人民出版社，1997：192.

永续动力机制。”[1]

纵观已有研究，已取得成果如下：第一，对城市趋同性问题的批判性研究引发了人们对城市固有文化的重视和普遍关注；第二，工业遗存具有一般价值和普遍价值的属性，因此，就地取材对其艺术性改造更具便利条件和再创造的空间；第三，目前为止，对工业遗存的改造内容包括工业遗产的保护再利用和一般工业遗存的开发及改造两大倾向；第四，工业现成品艺术作为城市公共艺术具有审美价值、文化功能和经济功能。

已有研究也存在一些薄弱环节：一是多数关于城市问题的已有研究成果具有宏观和普遍性意义，但针对工业城市的个案研究仍有不足，尤其缺少对老工业城市工业遗存中现成品的相关研究，老工业城市具有代表性和典型性，具体的研究内容也往往更具有说服力；二是部分工业遗存改造而成的现成品艺术蕴含了特定的工业文化语义，但对背后语义的解读缺少具体的案例分析。

综合以上文献研究的薄弱环节，本文拟从以下四个方面进行补充并展开研究：①工业现成品艺术研究往往被学术界所忽略，工业建筑的保护性再利用和工业遗址开发往往是研究热点，而工业现成品因零碎和经济价值相对较小而受到忽略，笔者试图通过研究弥补这个忽略点；②进一步研究沈阳工业现成品艺术以何种方式再造，这些再造方式能够为我国其他老工业城市公共艺术的设置提供哪些借鉴和参考；③部分工业现成品蕴含了特定的语义，笔者尝试借鉴潘诺夫斯基的图像学方法，从三个层面解读其背后蕴含的工业语义；④工业现成品艺术如何在城市的更新中做到多维施展，使之成为重振老工业基地的助力。

第三节　主要概念的界定

本书中有三个重要的专有名词——工业遗存、现成品、升级再造，因此，本节主要阐述这三个专有名词的概念及溯源。

[1] 张鸿雁. 城市文化资本论［M］. 2版. 南京：东南大学出版社，2010：7.

一、工业遗存

要理解工业遗存的概念，首先要明确遗存的意思，《现代汉语词典》（商务印书馆，2012年）中对遗存的定义如下：作为动词，是遗留的意思；作为名词，是指古代遗留下来的东西。而工业是指“采掘自然物质资源和对工业品原料及农产品原料进行加工的社会生产部门。可分为重工业和轻工业。”那么根据字面上的意思，工业遗存指工业加工生产完成后所遗留下来的东西。

由于工业遗存近些年才被学术界重视，因此，目前学术界对工业遗存概念的定义较为模糊，有的学者将其与工业遗产的概念等同。工业遗产在国际上有着明确的定义，在国际工业遗产保护联合会拟定的《关于工业遗产的下塔吉尔宪章》中，工业遗产被定义为“由具有历史、技术、社会、建筑或科研价值的工业文化遗存组成。这些工业遗留物包括建筑物和机器设备，车间、磨坊、工厂、矿山及加工提炼场地，还有仓库和店铺、生产、传送、使用、运输能源的场所以及交通基础设施，除此之外，与工业生产相关的其他社会活动场所，如住宅、宗教崇拜场所或者教育机构也包括在其范畴内。”对工业遗存的概念有着明确定义的是《工业遗存概论》一书，即“工业遗存是指与生产活动相关的、历史上遗留下来的一切物质存在与非物质存在的集合，其范围广泛，涵盖工业遗产和工业文物。它不强调其特殊价值和代表价值，更多的是强调其一般价值和普遍价值。”[1]

国际上对工业遗存的关注起源于工业考古，最早是由1955年英国伯明翰大学的迈克尔·里克斯（Michael Rix）在一篇文章中提出来的。工业考古作为考古学的一个分支，是一个非常特殊的类别，主要研究近代工业生产的遗存。此后的60—70年代，人们以工业考古的方式对待工业文明的遗留物，西方工业发达国家相继成立了相关组织，研究和保护工业遗存，尤其是工业遗产。1968年，英国工业遗产保护的国家组织——英国工业考古学会（The Great London Industrial Archaeology Society，GLIAS）成立；同年，澳大利亚也成立了工业考古委员会（Industrial Archaeology Committee，IAC）；1971年，

[1] 郭琦，朱京海．工业遗存概论［M］．沈阳：辽宁科学技术出版社，2011：3.

美国工业考古学会（Society for Industrial Archaeology Society，SIA）成立；1973年，英国考古工业协会（The Association for Industrial Archaeology，AIA）成立。1976年，英国发行了《工业考古评论》（*Industrial Archaeology Review*），这是工业考古方面的专业出版物，工业遗存有相关的国际性组织，包括联合国教科文组织（UNESCO）下属的国际古迹遗址理事会（Conseil International des Monuments et des Sites，ICOMOS），这是世界权威机构，还有1978年在瑞典成立的国际工业遗产保护委员会（The International Committee for the Conservation of the Industrial Heritage，TICCIH），委员会制定相关标准，建立工业遗产数据库并成立了杂志、网站和志愿者组织。对工业遗存还有相关的保护文件，但更多的制度和文件是针对工业遗产的，例如1987年国际古迹遗址理事会通过了华盛顿宪章——《保护历史性城市和城市化地段的宪章》；2003年国际工业遗产保护委员会通过了《关于工业遗产的下塔吉尔宪章》，这个宪章也被认为是目前国际上公认的关于工业遗产保护的权威文件。

对工业遗存概念的解释和界定是为了界定本书的研究范畴，工业遗存的研究范围较之工业遗产、工业文物更广，相较于工业遗产和工业文物，工业遗存的改造空间却很大，大量遗留的工业遗存为改造提供了丰富的材料来源。

二、现成品

最早形容现成品的英语单词是“Ready-made”，这个词是1915年由法国艺术家马歇尔·杜尚（Marcel Duchamp）杜撰的，曾是用来形容纽约服装行业的术语，特指杜尚1913—1921年间的作品[1]。《自行车轮》（Bicycle wheel，1913）是杜尚最早的现成品艺术，但是“1913年的《自行车轮》，对于艺术

[1] 1913至1930年，杜尚创造了一系列的“现成品艺术”：1913年的《自行车轮》；1914年的《瓶架子》；1916年的《隐藏的声音》；1917年的《泉》；1918年的《为旅行的雕塑》和《YUM》；1919年的《L、H、O、O、Q》和《50cc巴黎的空气》；1920年的《灰尘的繁殖》；1921年的《为什么不打喷嚏》；1923年的《被通缉者》；1924年的《蒙特卡莱债券》等。

家马塞尔·杜尚来说，‘现成品’的概念尚未问世，此概念只是到了1915年才首次提出来。依照杜尚后来的说法，这个自行车轮子是‘两年后被称为现成品那类物品的首次尝试’。自行车轮后来被视为现成品，从而‘进入’杜尚的艺术世界。”[1]1915年，杜尚在铲子的柄上题名《在折断胳膊之前》(the Broken Arm)，并签上了名字和年份，从某种意义上说，这件作品给现成品创作了标题并确定了身份，让现成品名正言顺地成为艺术品。“如果说《自行车轮》《药房》这样的早期作品中，杜尚多少还对拿来的现成东西动了点手，而且是为了‘消遣’，那么他在1914年‘做’的另一件现成品：《瓶架子》则充分地表达了杜尚选择现成品的态度——完全不动声色的拿来一件俗物，对其不做任何改变，而且选择的东西是越普通越好，绝不有趣。”[2]之后杜尚又创作了《铲子》(Snow shovels，1915)，也正是在1915年，杜尚杜撰了现成品这个词，形容普通的物品被拿来进行某方面的物质改造。而现成品也成为此后一种新的艺术创作方式，它赋予了普通物品其他目的和新的意义。1917年，美国独立艺术家团体展开幕，杜尚送去了那件惊世骇俗的作品——《泉》(Fountain，1917)，这次在作品底部签了化名：“R. Mutt 1917”，这是艺术史上的经典之作，引发了艺术界的革命。

形容现成品的另一个专有词汇是“Found object”，有现成品、现成物、捡拾物、找到的物品等意思，这个词源于法语“object trouve”，在现代艺术中，这个词用以指艺术家运用非艺术的物品或产品创作出来的作品。“按照杜尚的解释，‘找到的物品’与‘现成物品’的最大区别是，‘找到的物品’在一定程度上体现了艺术家本人的传统美学倾向，其次，‘现成物品’主要指工业批量生产的成品，而‘找到的物品’则指在日常生活中司空见惯的琐碎物品，甚至包括垃圾。但是在后来的‘波普’艺术中，‘找到的物品’和‘现成物品’之间的严格区分已不复存在。由于‘找到的物品’甚至包括了垃圾，因而产生了‘垃圾艺术’。‘垃圾艺术’中的垃圾包括所有残破不堪、废弃无用的物品。这些肮脏残破的废弃物，是当代社会人行为的最直观和最

[1] 伍泽. 杜尚传 [M]. 袁俊生，译. 重庆：重庆大学出版社，2010：140.

[2] 王瑞芸. 杜尚传 [M]. 桂林：广西师范大学出版社，2010：152.

直接的记录和显示。也容易引起观众切身的反应和感受。”[1]

我国学者朱立元在美学大辞典中给现成品艺术（Found Object Art）下了如下定义：“20世纪初在法国出现的一种作画技法流派。它将日常生活物品直接或经过肢解、拾掇后组合成为一件艺术品。1913年法国达达主义画家迪尚首创把一件现成的自行车轮随意安装在凳面上，名之为《自行车轮》即是一例，这种创作在波普艺术中亦有出现。”[2]

现成品的发展在西方经历了几个重要时间段，每个时间段都有不同的衍变特征：20世纪50年代的美国，评论家把用现成品和废旧的材料组合装配而成的作品称为集合艺术（The Art of Assemblage），这个术语最早见于20世纪50年代初，当时杜布菲创作了一系列由蝴蝶翅膀做的拼贴画，他称之为“印迹集合”[3]。集合艺术把原来具有实用性能的物体，除去其功利性，根据一定的艺术构思加以拼凑。“如一段绳子、一张广告、数件餐具、几把椅子，一经艺术家之手，置于新的环境状态之中，便可以构成具有象征意义和审美价值的作品，揭示出都市文明的某些内涵和人类各种生活行为的痕迹，同时流露出艺术家倾注其中的感情和思想。”[4]戴维·史密斯（David Smith）是其中最有独创性的雕塑家，另一位代表人物是女雕塑家路易斯·内维尔森（Louise Nevelson），她在作品中将废弃的栏杆模具、旧家具连接叠加在一起组成新的形象，展示了过去时代的回音以及难以忘怀的记忆。

进入20世纪60年代，现成品最早出现在激浪派运动（Fluxus）[5]中，代表人物约瑟夫·博伊斯（Joseph Beuys），他在有洞的石块中塞满毛皮和脂肪，这些东西盛放在一个车厢内，用一个生锈的大梁拖着，后面有很多雪橇。另外，把日常用品、废物、机器残片等集合拼凑成为立体作品是波普艺术的最初表现。从20世纪60年代中期开始，美国艺术家们把日常生活中的“现成

[1] 徐淦. 装置艺术［M］. 北京：人民美术出版社，2003：10-11.

[2] 朱立元. 美学大辞典［M］. 上海：上海辞书出版社，2010：363.

[3] 大辞海编辑委员会编纂. 大辞海美术卷［M］. 上海：上海辞书出版社，2012：23.

[4] 马永建. 后现代主义艺术二十讲［M］. 上海：上海社会科学院出版社，2006：25.

[5] 激浪派不是一个现代艺术运动，也不是一个艺术风格，而是一个在20世纪60年代初出现在欧美的松散的国际性艺术组织。这个组织中的艺术家来自世界各地，他们的艺术创作活动也是各式各样的。但是他们有一个共同并永久的主题，即反艺术、反规律、反理性、反常规。

品”按模样放大，例如把一个啤酒罐、一把锄头或一支口红放在公共环境之中，代表人物安迪·沃霍尔，他将超市里的肥皂盒堆放到美术馆墙角充当雕塑；克拉斯·奥登伯格（Claes Oldenburg）是一位擅长复制和放大现成品的艺术家，他的诸多作品是将现成品按比例放大，放置在广场等公共场所中。

20世纪80年代后，现成品艺术中出现了日用品雕塑（Commodity sculpture），“是将批量生产的日用工业品作为雕塑展出于美术馆，这些产品可以在市场上买到或在产品展示中看到。使用这种方法创作的艺术家是美国人杰夫·昆斯（Jeff Koons），杰夫·昆斯的早期作品之一《双球，50×50水柜》（Two Ball 50/50 Tank，1985），是位于玻璃柜中间两个漂浮在水中的篮球，这个表现方法影响了后来的达米安·赫斯特（Damian Hirst）。”[1]

到了20世纪90年代，活跃在艺术界的是英国的青年艺术家团体（Young British Artists），代表人物是达米安·赫斯特和翠西·艾敏（Tracy Emin）等，达米安·赫斯特展出了保存在玻璃钢的甲醛溶液中的鲨鱼标本，称为《活着的心灵我无法感受身体的死亡》（The Physical Impossibility of Death in the Mind of Someone Living）；翠西·艾敏的《我的床》（My bed）曾获得艺术特纳奖（Turner Prize），从字面意义上说，这是她用过的一个凌乱的床，从另一个意义上说，这是艺术家给观众时间和舞台去关注一个现成品，于是乎，对现成品的鉴赏也迅速上升到哲学的思考。

作为一种艺术形式，现成品艺术的改造不单单是对物品的改造或是重新安置，还挑战了人们对其功用、使用寿命、身份的看法。杜尚曾说：“简单的定义，一件现成品就是一件不是艺术家做的作品。”这些物品或产品原本有非艺术的功能，但是伴随着社会、历史及文化等因素的影响，使它们拥有了某种美学特质，笔者在书中用“现成品艺术”来形容沈阳那些直接或间接利用工业遗存中现成品创作而成的艺术作品。

三、升级再造

升级再造（Upcycling），被认为是一种创造性再利用，通过将副产品、

[1] 王洪义. 俯仰即拾，触手成春：公共空间中的捡拾物艺术［J］. 公共艺术，2016（6）：20.

废弃物、多余之物等转换成新的具有更好品质及环境价值的物品或产品。用创新的方式将某样东西进行改造以便使其发挥新的功效，这是环保的一种形式，可应用在诸多领域。升级再造是将旧的或者废弃物品转换为具有实用价值和美感的新物品。举个例子，如果利用拆开的衣挂去开门锁，损坏的衣挂最终只能被丢弃，这与升级再造的初衷背道而驰，这不是升级再造，升级再造需要一个更好的目标和初衷，如将衣挂打开并制成一个花环，那么这就是升级再造。

与升级再造相关的词汇包括循环再利用（Recycling）以及它的反义词——降级回收（Downcycling）[1]。循环再利用所采用的现成物品多为塑料、纸张、金属或玻璃，通过技术手段将它们降解，这些材料能够被再次使用制作新的消费品，但是质量却不复当初。升级再造则不需要降解，因为可以重新设计，材料还是原来的材料，再造后的物品却具有更好的品质。升级再造是降级回收的反义词，降级回收也是循环再利用的一个过程，包括改造物品和产品，将其改造成质量下降一级的新物品。例如，塑料的回收过程就比制造瓶子更麻烦，许多不同类型的塑料混杂在一起，导致塑料混合物的出现，这种混合物只能应用于低级塑料用品的制造，因为回收塑料由于分相导致最终产品结构弱、质量差。

升级再造不是一个新的概念，在20世纪，许多家庭缺少经济条件和物品资源，人们集合并再利用身边的一切物品，再三改造利用。升级再造往往是发展中国家的一种生活方式，未加工的材料成本较高，所以人们利用身边的一切去创造有用且美的物品。升级再造是绿色环保的，它对环境有着积极的影响，因为改造就意味着将全球垃圾移除一部分，这可以很好地代替循环再利用，循环再利用需要能源和水去降解材料，而升级再造需要的是创造力。

大多数循环再利用是从产品中提取有用物质，并创造出一个不一样的新产品或物品。比利时经济学家冈特·鲍利（Gunter Pauli）在1998年出版了以升级再造为标题的著作，他根据Upsizing（扩大规模）而创造出这个词。升级再造的概念之后被威廉·麦克唐和迈克尔·布朗嘉特进一步深化，2002年

[1] 降级回收，新回收再利用的物质无法恢复到它原始的品质，而且还极有可能必须消耗更多的能源才得以再造，例如再生纸的制造就必须消耗大量的水资源，而且质感也不如当初。

他们出版了合著《从摇篮到摇篮：循环经济设计之探索》。他们认为，升级再造是迈向再生设计文化的重要一步，最终的产品应该是干净、健康的，与最初相比具有更高的价值。改变是今天的潮流，也是升级再造最重要的原因，一些人利用艺术性的审美，制作出来的物品甚至可以与高端产品相媲美。升级再造之所以能够重新回到人们的生活中，最大的原因是对环境的积极作用，将这些物品从垃圾场中拯救出来，重新发掘它们的价值。

艺术领域的升级再造观念来自20世纪以来对物品使用寿命的重新发现，例如意大利移民西蒙·罗地亚（Simon Rodia）的《沃茨塔》（Watts Tower），就是对废弃物的升级再造，利用陶器以及碎玻璃，将17个个体结构共同组成了一个高达30米的巨塔。还有废品艺术（Junk art），又称垃圾艺术（Trash art），这是现成品艺术发展的一个极端，因为主要由已经被抛弃的物品组成，所以创作者常常毫不夸张地说这些作品来自垃圾。“垃圾艺术的一个极端发展是‘垃圾时尚’（Trashion），就是使用垃圾创造流行的时尚物品，许多社会组织因此赞助垃圾艺术的比赛。这类垃圾艺术可能有一个社会公益目的，就是使用垃圾艺术品可以让人对有害物质提高警惕。例如，旧电脑和电子元件可以含铅（焊料和绝缘材料），由这些物品制作的珠宝需要小心处理。在法国，垃圾艺术也被称为‘垃圾箱艺术’（Trash bins art），因为这些作品都是围绕着垃圾箱展开创作的。例如西班牙人弗朗西斯科·德·帕加罗（Francisco de Pajaro）是定居于伦敦专门从事垃圾箱艺术的艺术家。”[1]

从客观角度看，升级再造与杜尚和达达主义为代表的艺术家们创作现成品的方式有某些相似之处：杜尚的《自行车轮》是最早的此类作品，而杜尚的《泉》，这件直接在五金店里购买的小便器最为大众熟知；毕加索的《牛头》（1942）是利用废弃的自行车座和扶手组成的雕塑，这也是这位西班牙画家向达达主义致敬的作品；艺术家科奈尔（Joseph Cornell）创作的拼贴画，旧书、现成物、收藏品都是他使用的材料；劳森伯格（Robert Rauschenberg）热衷于搜集各种废弃物，在摩洛哥或纽约的街道上完成他的现成品创作。

升级再造兴起于发达国家，在美国已取得重大进展，例如易集（Etsy）

[1] 王洪义．俯仰即拾，触手成春：公共空间中的捡拾物艺术［J］．公共艺术，2016（6）：20．

或拼趣网（Pinterest）[1]上标有“升级再造”物品的数量从2010年1月的7900在1年后接近3万，增长了275%，到2013年4月，这个数量已突破263.685万，增长879%。如今，升级再造在发展中国家被推广，已然成为一种趋势，并逐渐成为人们生活中的一部分。

第四节　研究方法

本书在撰写的过程中采用了田野调查法、分类法和图像学研究法。其中，田野调查是研究的基础，它为进一步研究提供了具体翔实的资料；对资料的整理运用分类法，以便更明晰地将工业现成品艺术归类；借鉴图像学研究法是为了解读工业现成品艺术背后的语义。

一、田野调查法

田野调查法是社会学中的一种实证的调查方法，英文为“field work”，又被译为田野工作、田野作业、田野考察、野外考察、实地考察等。田野调查法是由英国功能学派的代表人物马林诺夫斯基（Bronislaw Kasper Malinowski）奠定的，我国在这方面的代表人物是社会学家费孝通，其最重要的研究手段之一就是参与观察。田野调查的“重点是直观社会本身，力图通过记录一个个鲜活的人、事、物，来反映调查对象的本质。田野调查的过程，其实是‘理论’与‘经验’两个层面往返交流、相互修正的过程。”[2]通过调查沈阳工业遗存现状，详细统计了其中现成品的数量及分布地，调查结果是本文研究的重要依据。

目前，沈阳现有工业遗存状态分为两种：保留和改造。保留下来的工业遗存包括由政府部门认定的不可移动文物、仍在使用的老旧建筑遗存和闲置

[1] 二者均是美国手工业品交易网站。

[2] 邱见均. 田野调查法浅析［J］. 群文天地，2012（9）：241.

厂区遗址；改造，包括工业遗址、工业建筑和现成品改造三类。其中，改造后的现成品共有72件，分布在铁西区、和平区、沈河区、皇姑区和浑南新区，具体的作品数量分别为铁西区63件、和平区4件、皇姑区2件、沈河区1件、浑南新区1件、大东区1件，主要材料是各种废弃的工业器械、工业制品和拆卸下来的零部件、老式车辆等，具体包括机床、天车、钢包、钢钎、齿轮、吊钩、管道、皮轮、蒸汽机车等。田野调查是研究的基础，为进一步研究提供了翔实的资料。

二、分类法

分类法是指将类或组按照相互间的关系，组成系统化的结构，并体现为许多类目按照一定的原则和关系组织起来的体系表。运用分类法将收集后的资料进行整理、归类，归纳出沈阳工业现成品艺术的类别，将沈阳的工业现成品艺术按照不同的功能分为现成品雕塑和现成品公共设施两大类，再根据创作类型、所处空间、传递内容或用途的不同逐次分类。

现成品雕塑按照创作类型可分为两类：一类是直接采用工业现成物制作而成；另一类是借用现成物造型元素创作而成。直接采用工业现成物制作而成的现成品雕塑根据所在的环境以及在公共场所中摆放地点的不同，可分为室外景观雕塑和室内置景雕塑两类。室外景观雕塑根据传达内容的不同，还可细分为主题雕塑和标识雕塑两类。主题雕塑还可根据不同的主题内容划分为纪念性雕塑和主语性雕塑，纪念性雕塑表达了对沈阳工业历史的记忆，而主语性雕塑则表达了对沈阳这座工业城市再次腾飞的展望，是主题的升华。标识雕塑因为没有既定的、明确的主题，但是因其典型的工业造型和易识别性，在重新摆放到公共空间中仍具有标志性的特点，传达了区域和环境的特征，在此以标识雕塑来统称沈阳的此类现成品雕塑。室内置景雕塑，从改造后的形式上可分为单体雕塑、组合雕塑和装饰雕塑，沈阳室内置景雕塑集中在中国工业博物馆和1905文化创意产业园内。借用现成物造型元素创作而成的现成品雕塑也按照空间不同分为室外景观雕塑和室内置景雕塑两类：室外景观雕塑主要集中在城市主题雕塑；室内置景雕塑则主要是摆放室内的创意雕塑（图0–1）。

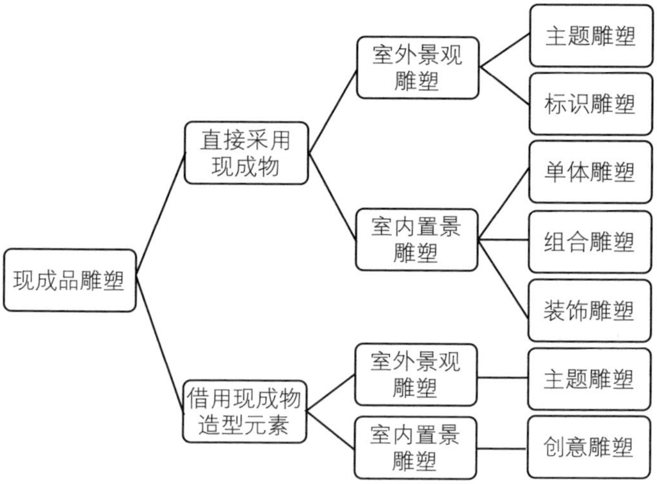

图0-1　沈阳现成品雕塑的类别划分

现成品公共设施，同样按照创作类型划分为两类：一类是直接采用工业现成物制作而成；另一类是借用现成物造型元素创作而成。直接采用工业现成物制作而成的现成品公共设施不仅包含了安放在广场、公共绿地、社区商业街道、社区空间中的室外公共设施，还包含放置在博物馆、文化创意产业园等公共建筑内部的室内公共设施。因此，按照所处空间位置的不同，可划分为室外公共设施和室内公共设施两类：在沈阳，室外公共设施在数量上占绝大多数，室外公共设施又被称为城市家具，主要集中在信息、交通、卫生、休闲、景观五个类别中，具体包括视觉导向设施、路障、拦车杆、垃圾箱、休息座椅、娱乐设施、广场和社区的景观小品等；室内公共设施，摆放在室内的公共空间，根据使用功能的不同可划分为指示设施、景观设施和休闲设施三类，指示设施包括区域导视牌、广告牌及警示牌，景观设施主要是花架，而休闲设施则是为人们提供休息的公共桌椅等。借用现成物造型元素创作而成的现成品雕塑集中在室外公共设施领域，主要指交通类公共设施（图0-2）。

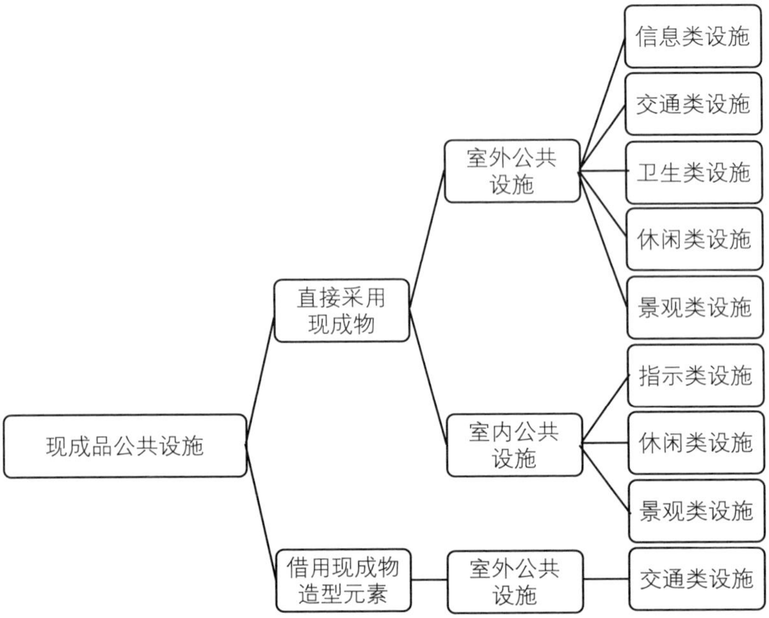

图0-2　沈阳现成品公共设施的类别划分

三、图像学研究法

在阐述沈阳工业现成品艺术的语义部分借鉴了潘诺夫斯基的图像学研究方法，对语义的解读分为三个步骤。

潘诺夫斯基“把整个研究过程分成三个步骤。首先是‘前图像学分析’。在这个阶段，研究者仅仅观察所面对的视觉物象，毫不顾及其他文献，就作品本身的视觉品质而分析图像。这其实是基本的形式分析。第二个阶段是图像学分析，研究者将某个图像断定为某个已知的故事或可以辨认的角色。第三个阶段是图像志分析，其任务是破译图像的含义，亦即它的政治、社会、文化的意义。”[1]潘诺夫斯基进一步用一个表格来阐述他的分析方法（表0-1）。

[1] 曹意强．后形式主义图像学与符号学［J］．美苑，2015（3）：7.

表0-1　　　　　　潘诺夫斯基的分析方法[1]

解释的对象	解释的活动	进行解释所需的素养	纠正解释的原则（传统的历史）
基本的或自然的题材 A. 事实性题材 B. 表现性题材 构成艺术母题的世界	前肖像学描述（类形式性分析）	实际经验（对各种对象和事件的掌握）	风格的历史（即对在各种历史条件下通过各种形式表现了对象和事件的样式之洞察）
从属性或约定俗成的题材，构成了形象、故事和寓言的世界	肖像学分析	从文字资料获得的知识（对特定的题材 themes 和概念的掌握）	典型的历史（即对在各种历史条件下通过各种对象和事件表现了特定题材和概念的样式之洞察）
内在的含义或内容，构成了“符号性”价值的世界	圣像学解释	综合性直觉（对人类心灵的根本趋向的掌握，受个人的心理状态和“世界观”的制约）	一般文化征兆和符号的历史（即对在各种历史条件下通过特定题材和概念表现了人类心灵基本趋向的样式之洞察）

笔者借鉴了潘诺夫斯基的图像学研究的三个阶段——前肖像学描述、肖像学分析、圣像学解释，进而对应研究的三个步骤，即功能描述、基本含义分析、内在含义解读。这三个步骤对应了工业现成品艺术研究的三个层次，即功能含义、惯例含义和象征含义。功能含义是指工业器械或者零部件的基本功能；惯例含义是指这种工业形象在通常的艺术作品中所指代的含义；象征含义是指其象征的工业精神。

以机床、钢包、钢钎、吊钩、齿轮和蒸汽机车车头为例，在功能含义的解读上，如机床的功能是生产、创造机器零件，钢包、钢钎的功能是配合铸造，吊钩的功能是悬吊、搬运，齿轮的功能是通过高速旋转带动设备运转，蒸汽机车车头的功能是通过蒸汽力量带动车厢前进；在惯例含义的解读上，机床的惯例含义是创新，而钢包、钢钎的含义是铸造，吊钩的含义是力量，齿轮的含义是速度，而蒸汽机车车头的含义为带动。对这部分的研究，笔者同时比对新中国工业题材美术作品中出现的同类现成品形象，用充分的材料

[1] E·潘诺夫斯基．视觉艺术的含义［M］．傅志强，译．沈阳：辽宁人民出版社，1987：48.

证明对其语义的解读。在象征含义的解读上，联系沈阳的地域文化和历史背景，总结现成品所象征的工业精神，例如机床象征了自主创新的工业精神，钢包、钢钎代表了钢铁铸造的劳动热情，吊钩表达了工业、工人的力量，齿轮象征老工业区飞速发展的节奏，蒸汽机车车头则象征了工业的带头精神（表0-2）。

表0-2　　沈阳工业现成品艺术的语义解读步骤

步骤	含义的层次	工业现成品艺术
功能描述	功能含义	机床——生产母机，功能是生产、创造机器零件 钢包、钢钎——钢铁铸造用具，功能是配合铸造 吊钩——起重设备，功能是悬吊、搬运 齿轮——传动零件，功能是通过高速旋转带动设备运转 蒸汽机车车头——牵引运输工具，功能是通过蒸汽的力量带动车厢前进
基本含义分析	惯例含义	机床——创新 钢包、钢钎——铸造 吊钩——力量 齿轮——速度 蒸汽机车车头——带动
内在含义解读	象征含义	机床——自主创新的工业精神 钢包、钢钎——钢铁铸造的劳动热情 吊钩——工业、工人的力量 齿轮——老工业区飞速发展的节奏 蒸汽机车车头——工业的带头精神

潘诺夫斯基曾采用图像学方法来阐释文艺复兴时期的美术作品，这种方法同样也适用于当代艺术研究，因为图像学阐释方法虽然着眼于作品的主题和思想，“不过，潘诺夫斯基不只是关注艺术作品的主题或含义，他也同时努力使其阐释以艺术形式的合理描述为依据，进而希望对于艺术品的阐释会显示出创作其间的文化的象征表现。”[1]笔者尝试借用这种方法来解读沈阳的工业现成品艺术的语义，意图更深入地发掘其背后蕴含的深刻的文化语义。

[1] 杨贤宗. 潘诺夫斯基图像学方法的根源与适用范围［J］. 新美术，2010（12）：38.

第一章

沈阳工业遗存的现状

沈阳作为一座老工业城市，从事工业生产的时间跨度从19世纪末开始直至今日，可谓历史悠久。随着城市的不断更新，遗留下的工业遗址、废弃的工业厂房，以及逐渐淘汰下来的工业设备等成了沈阳工业遗存的主要组成部分。本章主要包含了两节内容：第一节梳理了沈阳的工业历史，将其划分为四个重要历史时段，工业历史奠定了沈阳的工业城市面貌，也是沈阳工业遗存产生的背景；第二节实地调查沈阳工业遗存的现状，对其进行统计和划分。

第一节　沈阳的工业历史背景

悠久、浓厚的工业历史背景是沈阳市内拥有大量工业遗存的原因，通过梳理沈阳的工业历史，可以发现沈阳的工业历史主要经历了民族工业兴起、外资工业介入、国家重要的工业基地、经济转轨后的改革四个重要历史阶段。

一、民族工业兴起（1896—1930年）

这个时期属于沈阳工业的萌芽期，在此期间，沈阳形成了三个较大的工业板块，即沈海工业区、惠工工业区、大东工业区，其中沈海工业区主要是军工企业集中地，而惠工工业区、大东工业区主要是民用企业集中地。

沈阳的工业起源于1896年，清政府在沈阳大东边门开办奉天机器局，主要制造兵器并附设铸币车间铸造银圆，开创了沈阳近代工业的先河。“之后的民族企业包括1897年创立的万顺铁工厂，以制造酒锅等铁器为主；1899年福顺隆染布厂开办；l902年新发合染厂和至诚永、天增利织布厂开办；1908年，清政府创办奉天电灯厂；1909年官商合营的奉天惠工有限公司在沈阳创立，下设5个厂，有木工、织布、石印、铅印、蜡烛、香皂、牙粉等行业，这些工厂已改变传统的手工操作，而以蒸汽为动力，使用机器，但生产规模不大。据统计，到1909年，沈阳的近代工厂只有10多个，而各类手工业作坊有549家。”[1]

1914年第一次世界大战爆发后，沈阳的民族工业得到较快发展，并逐步形成了沈海工业区、大东工业区、惠工工业区三大工业板块。沈海工业区是在城市东北部出现的以奉海车站（沈阳东站）为中心的新城区，其中以奉系军阀创办的军事工业规模最大，“1917年建立专门军服的被服厂；1921年，在大东门外建立奉天军械厂，占地面积2243亩，次年定名为东三省兵工厂，职工达2万余人，其设备、工艺之先进，产品之精良，规模之宏大，为国内军事工业之最；1922年，建立专供军需的奉天陆军粮秣厂；1926年，又建立奉天迫击炮厂，1929年改称辽宁迫击炮厂（即今五三工厂）；1931年6月，工厂下设的民生工厂试制成功中国第一辆汽车——民生牌载重汽车。”[2]由奉系军阀控制并建设、发展起来的铁路和军事工业，是沈阳工业萌芽早期民族工业的主体，这些工厂的建立，给奉系军阀的扩张提供武器和物质基础，也标志着沈阳近代工业的进步。除了沈海工业区，大东工业区也拥有军工企业，但同时也拥有众多民用工业企业，大东区位于城市的东部，“这个区域是由于东三省兵工厂的兴建而出现的，所以与市区有一定的距离。为解决该厂万余名职工的生活，同时满足企业生产需要，工厂又购置大量土地，建立生活配套设施，逐渐形成新的城区，定名大东市区。”[3]惠工工业区是沈阳民族工业的集中地，“1923年在沈阳北部修建惠工工业区，工业区北临南满铁路，南与朱剪炉、西下洼子搭界，东临山东堡，西与商埠地相连。工业区占地也10平方华里之余，成为当时新的城市板块。”[4]大东工业区和惠工工业区内工厂生产的产品满足了沈阳乃至其他周边城市的民用需求，1918—1927年间创办了多家生活用品工厂，例如1918年创办纯益巢织公司；1921—1923年间创办官商合办奉天纺纱厂，这是东北最大的纺织企业；1922年，创办惠临火柴公司，1925年与营口火柴工厂组成奉天火柴同业联合会，又相继联合吉林、

[1] 沈阳市政府地方志办公室编. 沈阳市志［M］. 沈阳：沈阳出版社，2000：3.

[2] 同①：4.

[3] 王茂生. 从盛京到沈阳——城市发展与空间形态［M］. 北京：中国建筑工业出版社，2010：120.

[4] 同③：119.

长春、齐齐哈尔等处火柴厂，组织东北火柴同业联合会，开始占领东北火柴市场；1923年，杜重远筹资创建肇新窑业公司，采用机器动力从事砖瓦和瓷器生产，先后在东北设有50多个分销处；1924年，陈发材发起创办东兴染织公司；1924年创办的大亨铁工厂，以制造铁路车辆、铁桥、暖气、锅炉、起重机及各种机械设备而驰名省内外；1926年建成的东北大学工厂，从事各种客货车辆制造，修配以及铸造等。“据1929年数据统计，除油坊、烧锅、酱油等千余家旧式手工业户外，沈阳的现代工业厂家已发展到574户，拥有工人1.3万余人（不含军工），其中，纺织、印染工业居东北地区首位，纺织行业有54家工厂，资本总额326.22万元，工人5540人，年产纱1.4万件（每件40捆），布25.11万匹，印染业有工厂33家，资本总额15.1万元，年染衣4200件，布90万匹。机械工业初露头角。”[1]

虽然这一时期是沈阳工业发展最快的时期，但一直未能摆脱沙俄、日本等国的控制和压迫。1898年，沙俄在沈阳修建“谋克顿”火车站（即今天沈阳站），由此，沈阳成为沙俄、日本等国在华主要的原材料攫取地和产品倾销地。此后，他们在沈阳采取开矿、筑路、辟租界、划分势力范围等各种形式进行掠夺，尤其是日本趁第一次世界大战之机，为了摆脱国内的经济危机，加紧对我国进行经济侵略，在沈阳发展机械、化工等直接为军事侵略服务的工业，逐步形成一个军事工业体系。到了1929年，沈阳24家规模较大的近代工厂中，有11家是日本投资的，当时沈阳的重要工业几乎全被日本所控制，1931年东北沦陷后，沈阳的工业基本被外资所操控。

二、外资工业介入（1931—1948年）

1931年，“九·一八”事变后，日本军队用武力接管沈阳的军工、官办和官商合办的全部企业，这标志着外资工业进驻沈阳并成为沈阳工业的主体，这虽然促进了沈阳铁西工业区的发展，但沈阳的工业命脉却掌握在日本人的手中。

“‘九·一八’事变后，日本开始以‘满铁附属地’为中心，构建城市政治、经济体系，使沈阳成为东北沦陷时期日本在东北的重工业中心。日本将

[1] 沈阳市政府地方志办公室编. 沈阳市志［M］. 沈阳：沈阳出版社，2000：5.

沈阳原有的工矿企业占为已有，同时在此基础上，开始建设殖民地工业，陆续建立了大批新的工厂，为日军扩大侵略战争生产军需品。”[1]铁西工业区是外资企业的集中地，日本为了把东北变成他们侵略全中国的基地，1935年强征铁西民田2万余亩，辟为工业区，建立工业，日本国内中小资本家和一些财团，也先后前来投资建厂。1932年编制的《奉天都邑计划》是沈阳市历史上第一个完整的并付诸实施的现代城市总体规划，铁西工业区正是在这时期开始建设。1934年，日本实行“经济统制”[2]，1937年以后，又先后实行“物价统制”和“物资统制”，从钢铁、煤炭、硫酸等生产资料到煤油、食盐、火柴等生活资料，均实行严格控制，使民族工业陷入绝境。“九·一八”事变前，“铁西区只有日资工厂11家，到了1940年8月就发展到233家，其中，机械制造、金属和化工等重工业工厂有l04家，年总产值占沈阳市工业年总产值的48%。到1942年，日资工厂已达到281家。日本帝国主义在沈阳开办的工厂，l936年为175家，1941年，增至423家。这些工厂，主要是军事工业及与其有关的工业，具有明显的为侵略战争服务的特点。”[3]外资工业的介入，虽然促进了沈阳铁西区工业发展，但是这时候企业的生产目的主要是为日本输送物资，为侵略中国做准备。1941年，太平洋战争爆发后，日本把国内的绝大部分经济、物资都投入战争之中，使得原本资源贫乏的国内经济状况异常紧张，他们在沈阳经营多年的工业也迅速衰落下来。

1945年抗日战争胜利后，大多数沈阳的民用工业工厂遭到日本人的破坏，少数勉强开工的工厂也处于严重的开工不足状态，直到中华人民共和国成立前的这段时间，工厂中的器材或被当时的国民党官员盗卖，或遭到驻军严重破坏。总体上看，这个时间段的沈阳工业处于瘫痪的状态，可以用“百废待兴”这个词来形容当时的状况。

[1] 王建学，高建，侯振龙．名城印象：沈阳建筑图史［M］．大连：大连理工大学出版社，2010：1.

[2] 采取统购统销、专卖、限价等方法，经济统制的范围有棉花、棉纱、面部、煤、石油、纸张、机器、钢铁、水泥、烧碱、盐酸、漂白粉、染料等工业制品、设备和原材料，以及对出口物资实行统销，对生活必需品实行专卖。

[3] 沈阳市政府地方志办公室编．沈阳市志［M］．沈阳：沈阳出版社，2000：5.

三、国家重要的工业基地（1949—1979年）

在这个阶段，沈阳作为中国重要的工业基地，为新中国工业发展作出了重要贡献，而国家“一五”计划和“二五”计划的实施，也为沈阳工业的发展提供重要的支持，促进了沈阳工业发展质的飞跃。特别是20世纪50—60年代，沈阳可谓工厂林立，工人数量占据城市总人口数的一半，这个时段的沈阳创造了工业领域的诸多辉煌。

中华人民共和国成立后，沈阳将遗留下来的企业改造为社会主义全民所有制的国有企业，并开始学习苏联企业的管理经验，制定生产恢复与建设计划，沈阳开始走向计划性经济的时代，也逐渐成为中国发展重工业的重要城市和基地。

1953—1957年，是中国国民经济发展的第一个五年计划时期。沈阳市是国家重点建设地区之一，进行以机电工业为主的大规模的基本建设，改建、扩建和新建许多现代骨干企业，并对原有的工业企业进行一系列技术改造。这一时期，“国家拨给沈阳的基本建设投资共达16.1亿元，其中用于工业投资为11.1亿元，占全市基本建设投资的68.9%，而工业投资中用于机械工业投资为8.5亿元，占全部工业投资的76.6%。5年内建设项目近1500个，共建成重点项目50多个，其中包括苏联帮助建设的第一机床厂、电缆厂、风动工具厂等国家重点工程以及建立飞机制造、新型机床制造、风动工具、电线电缆、通风机械、重型矿山设备、大型变压器、高低压开关、转炉炼钢等许多新工业部门和现代骨干企业。”[1]经过五年的建设和改造，沈阳工业技术水平提高很快，产品加工深度不断提高，自行设计能力不断增强，其中车床领域、变压器领域的多项产品达到了当时国际上的先进水平。这标志着沈阳市主要产品生产技术水平正逐步接近当时国际先进水平，沈阳已成为中国的重工业基地，为支援全国经济建设作出重大贡献。

1956年的《沈阳市城市初步规划》对沈阳城市进行了重新布局，以“由内向外、填空补实、逐步发展”的指导思想，确定工业区发展原则，改扩建原有的大东和铁西两大工业区，新建北部的北陵工业区（以飞机制造业为

[1] 沈阳市政府地方志办公室编．沈阳市志［M］．沈阳：沈阳出版社，2000：7.

主），在三个工业区周围建设成片工人新村，这些举措的宗旨是将沈阳打造成重工业城市，在第一轮总体规划后，沈阳确立了工业立市的总体思路。l958—1965年，是国家第二个五年计划与国民经济调整时期。“1960年末，沈阳市共有各种规模的工厂1703个。其中全民所有制工业企业617个，比1957年增加177个。工业职工总数10万人。1960年全市工业总产值达63.7亿元，比1957年增加1.7倍。1960年，沈阳市工业总产值占辽宁省的32.2%，占全国的5.1%。在全国主要工业城市中，仅次于上海、天津和北京，居第四位。净产值则仅次于上海和天津，居全国第三位。”[1]另外，在城市人口统计数据上，“全市居民差不多一半是工人，这就是沈阳跟中华人民共和国许多其他的大城市例如北京、广州、南京、天津，甚至上海等地不同之点，这些城市里的居民，从事于工业者的比重，比沈阳要小得多。根据中国报刊上的材料，一九五二年沈阳的职工人数超过一九四九年的百分之七百三十，而在一九五三年，工业企业的工人比一九五二年增加了百分之十四以上。”[2]人口的构成中工人占将近半数，这也是沈阳工业氛围浓厚的原因之一。

“一五”“二五”期间正是我国第一个城市建设高峰阶段，作为我国重工业城市，沈阳正是在这一时期确立了其老工业基地和中国工业摇篮的地位。

四、经济转轨后的改革（1980年至今）

这个时期是中国老工业城市的转型期，沈阳因资源快速的枯竭面临城市发展的瓶颈，由于传统采用高能耗的生产方式使得资源利用率低，同时环境污染严重，城市的迅速转型在这个时期变得非常重要，于是国家实施了“六五”计划[3]，改革使得沈阳工业生产方式发生重大改变，但随之出现了大量工厂倒闭、工人下岗等社会现象。

---

[1] 沈阳市政府地方志办公室编. 沈阳市志［M］. 沈阳：沈阳出版社，2000：8.

[2] 达姆鲍夫斯基. 沈阳［M］. 木林，杨天，译. 沈阳：辽宁人民出版社，1955：29.

[3]“六五”计划（1981—1985年）是我国实施社会主义市场经济以来的第一个五年计划，改革的内容包括执行经济体制改革、技术改造、工业改组、开发人才、开发新产业新产品、对外开放的“三改三开”方针。

1984年7月，国务院批准沈阳市经济体制综合改革，这项改革主要是在搞活企业、特别是搞活大中型企业，建立和开拓市场体系，以及加强完善宏观间接管理这三个方面展开，通过大中型企业的内部配套改革，推动企业向经营开拓型转化。同年，沈阳市政府决定在沈阳薄板厂、中捷友谊厂、沈阳电缆厂等45家企业中首批进行厂长负责制试点，打开“两权”分离、政企分开、党政分开的突破口，这一重大举措在全国首开先河，为全国国有企业改革提供了经验。1985年2月，沈阳市制定《沈阳市城市集体所有制企业破产倒闭处理的试行规定》，规定集体企业中凡资不抵债或连续两年发生经营性亏损，亏损额超过企业资产80%，均应考虑进行破产倒闭处理。1986年8月4日，《沈阳日报》头版头条刊发一条消息，引起了全国震动，这条新闻就是8月3日沈阳市政府宣布沈阳市防爆器械厂破产，这成为中华人民共和国第一家宣布破产的公有制企业，这为沈阳的国企改革拉开了序幕。

1992年到2001年是我国由传统计划经济体制向社会主义市场经济体制加快转型阶段，包括沈阳在内的老工业基地在转型中遇到的障碍很多。由于原有体制、机制和经济结构与发展社会主义市场经济不适应，改革后的沈阳仍陷入重重困境，成为“东北现象”的典型代表，例如多数企业处于停产或半停产、企业负债沉重、技术设备落后、研发投入不足等。而与此同时，工人的生活也遇到困难，大批工人下岗。1997年，国家采取了兼并破产、债转股、技改贴息等政策措施，对于国有企业的债务负担，国家采取了优化企业资本结构，实施债转股的政策，把国家银行对国有企业的债权转变为股权，在沈阳，尤其是铁西区很多大中型企业都采用了这一政策，通过债转股，降低了国有企业资产负债率，减轻利息负担和债务风险。另外，对于一些长期亏损的国有企业，国家实施了破产和鼓励兼并的政策，实行股份制改造、合资合作、科技带动、下岗分流等一系列措施，使呆滞资产得以盘活，职工得到一定补偿。到了2000年年底，大部分企业都经历了改革，沈阳正在经历着经济生产方式进步及传统生产方式淘汰的过程。

20世纪80年代以来的国企改革导致了沈阳很多的工厂重组、搬迁，在原址上遗留下大量厂房、废旧设备、生产工具、工业制品、器械、零部件等，这些遗留下来的工业遗存是沈阳工业历史的见证。

第二节　沈阳工业遗存的现状

通过调查，目前沈阳工业遗存的状态分为两种——保留和改造。保留下来的工业遗存包括由政府部门认定的不可移动文物，仍在使用中的老旧建筑遗存，以及等待处理的闲置厂区遗址；改造则包括三种类型的改造，即工业遗址改造、工业建筑改造和现成品改造。

一、工业遗存保留

在沈阳，保留下来的工业遗存包括三类：一类是政府部门认定的不可移动文物，这类工业遗存具有历史文化价值，因此保留和维护是对历史的尊重；一类是仍有使用价值的老旧工业建筑，其中大部分建筑迄今仍在使用中，继续发挥其价值；还有一类是闲置的工厂遗址，沈阳遗留一批已经倒闭的老厂，因政府还未出台处理意见，目前仍属于闲置厂区。

（一）工业文物

沈阳的工业文物共有7处：其中大东区2处，沈阳东站和万泉水塔；沈河区3处，沈阳市成套电器厂的车间、辽宁省纺织研究所和沈阳市台商会馆；和平区2处，中山水源水塔和东北近代纺织工业博物馆（表1-1）。

表1-1　　沈阳工业文物统计表

序号	名称	原名	地址	时间	现状
1	沈阳市成套电器厂车间	奉天省咨议局附楼	沈河区桃源街118号	1910年	国家级文物保护单位
2	沈阳东站	奉海站	大东区东站街1号	1932年	全国重点文物保护单位
3	辽宁省纺织研究所（又名纺织工业非织造布技术开发中心）	原东三省总督府	沈河区盛京路28号	1907年	市级文物保护单位

续表

序号	名称	原名	地址	时间	现状
4	沈阳市台商会馆	奉天肇新窑业公司	沈河区惠工街 92 号	1923 年	沈阳市不可移动文物
5	万泉水塔		大东区万泉街 1 号	1934 年	沈阳市不可移动文物
6	中山水源水塔	千代田公园给水塔	和平区南三马路 34 号	1915 年	沈阳市不可移动文物
7	东北近代纺织工业博物馆	奉天纺纱厂	和平区抚顺路 60 号	1921 年	沈阳市不可移动文物

沈阳市成套电器厂的车间原是奉天省咨议局附楼，始建于清光绪三十三年（1907年），于1910年建成，1912年至1918年间为奉天省议会大楼，是辽宁省最早的议会建筑和当时全省最高的权力机构。东北解放后为沈阳军区政治部军法处，后归属沈阳市成套电器厂，先后是车间和仓库，目前是国家级文物保护单位。

沈阳东站为原"奉海站"旧址，是中国人自建铁路的开端，位于大东区东站街1号，是"第七批全国重点文物保护单位"。"九·一八"事变后，奉海铁路等东北地区的全部国有铁路都落入日本侵略者之手，1932年奉海站被日本南满铁路株式会社攫取，更名为"沈阳驿"，日本宣告投降以后，奉海铁路才回到中国人自己的手中，由于该站位于沈阳城东而被沈阳人称为沈阳东站。

辽宁省纺织研究所，又名纺织工业非织造布技术开发中心，位于沈河区盛京路28号，研究所是原东三省总督府改造而成，现为沈阳市级文物保护单位。

沈阳市台商会馆前身是奉天肇新窑业公司，该楼又称"杜公馆"，建于1923年3月，是在张学良支持下，由爱国人士杜重远创建的当时最大的一家民营窑业公司，后作为台商会馆，是沈阳市不可移动文物。

万泉水塔是中国人自己设计、施工的水塔，位于大东区万泉街1号，塔高43米。万泉水塔修建于1934年4月，建成于1935年8月，水塔的设计者是范先鼎先生，在《沈阳城市供水百年图志》这本书里还能找到相关的资料信息，现在是沈阳市不可移动文物。

中山水源水塔，位于和平区南三马路34号，是沈阳最古老的给水塔，原名是千代田公园给水塔，是日本投资兴建的水塔。这座水塔建于1915年1月，于1962年废止停用，是沈阳市城市供水诞生的标志，目前已不再具备使用价值，是沈阳市不可移动文物。

东北近代纺织工业博物馆，位于和平区抚顺路60号，原为奉天纺纱厂，建于1921年，现为沈阳市不可移动文物。

文物是人类在历史发展过程中遗留下来的遗物、遗迹，而工业文物是指具体与工业生产相关的物质遗存，它是宝贵的历史文化遗产，沈阳这7处工业遗存因为具有较大的历史文化价值而被定为文物，并得到良好的保护。

（二）使用中的工业建筑遗存

沈阳仍在使用的工业建筑遗存共有9处，这些工业建筑遗存有产权单位，部分老旧建筑经过不断整修得以继续使用：其中大东区4处，老龙口酒厂、沈阳造币厂、沈阳航天新光集团和辽沈工业集团有限公司；沈河区1处，沈阳第二百货商店；和平区1处，沈阳卷烟厂；皇姑区2处，沈阳飞机工业（集团）有限公司和皇姑屯火车站水塔；铁西区1处，沈阳站西广场水塔（表1–2）。

表1-2　　沈阳使用中的工业建筑遗存统计表

序号	名称	原名	地址	时间	现状
1	老龙口酒厂	万隆泉烧锅	大东区珠林路1号	1662年	仍在生产，是沈阳地产名牌，工厂里有展示酒厂历史的博物馆
2	沈阳造币厂	奉天机器局	大东区大东路138号	1896年	2012年原厂扩建，部分迁至沈北新区

续表

序号	名称	原名	地址	时间	现状
3	沈阳航天新光集团	东三省航空处	大东区东塔街1号	1920年	现在新光分两个，一个是军工厂归国家三院所有，另一个是发动机制造企业裕兴集团
4	辽沈工业集团有限公司	奉天南满兵工厂	大东区正新路42号	1937年	我国重点保军单位
5	沈阳卷烟厂	大安烟草公司	和平区和平北大街26号	1908年	仍生产
6	沈阳第二百货商店	吉顺丝房	沈河区中街路步行街	1914年	仍使用
7	沈阳飞机工业（集团）有限公司		皇姑区陵北街	1930年	军工单位
8	皇姑屯火车站水塔		皇姑区皇姑屯火车站	1925年	闲置
9	沈阳站西广场水塔		铁西区胜利南大街2号	1905年	仍使用

老龙口酒厂，原名万隆泉烧锅，位于大东区珠林路1号，始建于清康熙元年，迄今已有三百多年的历史，因其位于当时清朝留都盛京龙城之东口，故称“老龙口”。该酒厂是沈阳现存最早的民族工业之一，从1662年开始生产至今，历史久远，是沈阳地产名牌，工厂里有展示酒厂历史的博物馆。

沈阳造币厂，位于大东区大东路138号，是中国现有历史最悠久的造币厂，它始建于1896年，原名奉天机器局，是东北第一家机器工厂，开创“近代沈阳机械工业之先河”，是中国目前铜合金硬币生产基地。沈阳造币厂厂区内有一座已有近百年历史的日式建筑，老建筑改造成沈阳造币博物馆，馆内藏有清光绪二十四年铸成的“一圆银币”、大清宣统年造铜币、清末至民国初期的硬币压印设备——大洋机等展品数万件。

沈阳航天新光集团，位于大东区东塔街1号，始于1920年张作霖建立的东三省航空处。1951年5月31日建设成为国有工厂，作为国家156个重点项目之一，是中国第一个航空发动机维修生产厂，为祖国的航天事业创造出许多个“第一”。

辽沈工业集团有限公司，更名前为沈阳东基工业集团有限公司，即国营第七二四厂，位于大东区正新路42号，始建于1937年，原名奉天南满兵工厂，是我国重点保军单位。

沈阳卷烟厂，位于和平区和平北大街26号，从1908年英美烟草股份有限公司在沈阳成立大英烟草公司算起，沈阳卷烟厂已走过百年历程。1919年，日本亚细亚烟草株式会社在沈阳成立大安烟草公司，至1946年，大英烟草公司与大安烟草公司两家企业都归于国民党政府。1948年，沈阳解放后，共产党接收东亚烟草公司第一厂，并成立了沈阳烟草公司（后更名沈阳制烟厂，1983年正式定名沈阳卷烟厂），目前仍在生产运营中。

沈阳第二百货商店前身是沈阳有名的生产丝绸为主的民用企业——吉顺丝房，已经改造成商场，矗立在沈河区的核心商区——中街的步行街上，目前仍处于运营状态中。

沈阳飞机工业（集团）有限公司，位于皇姑区陵北街，其前身是张学良在1930年建的飞机场，1951年6月正式命名为“国营112厂”，1957年6月，启用新厂名——国营松陵机械厂，1979年6月，改称国营松陵机械公司，1986年1月1日更名为沈阳飞机制造公司，1994年6月经国家经贸委批准，在原沈阳飞机制造公司的基础上，组建了沈飞工业集团，公司更名为沈阳飞机工业（集团）有限公司（简称沈飞集团公司），隶属于中国航空工业集团公司。“沈飞”的历史从奉系军阀在沈阳扩充军事实力开始，历经工厂的改制、转轨，现作为中国500家最大工业企业之一，是中国重要歼击机研制生产基地。

皇姑屯火车站水塔修建于1925年。当时北洋政府交通部投资，兴建皇姑屯修车厂，水塔就是那个年代所建。

沈阳站西广场水塔，由苏联专家于1950年2月开始设计，同年12月竣工。水塔直径10.6米，上部蓄水部分高9.5米，容积1200立方米，下部高30米，现外观修复完成，仍然承担着为沈阳站供水的职能。

上述老旧工业建筑遗存历史悠久，大部分经过整修后仍在使用，少部分处于闲置状态，目前这些老旧工业建筑都有产权归属单位，有的单位延续历史传承继续从事相关工业生产，有的单位已变更所有权，老旧建筑也有了新的用途，这些建筑通过维护和翻新继续发挥最大的价值。

（三）闲置的工厂遗址

沈阳处于闲置状态的工厂遗址共有10处：其中9处位于铁西区，沈阳新华印刷厂、沈阳第四橡胶厂、沈阳高压开关厂、沈阳第一标准件制造厂、沈阳东北蓄电池厂、沈阳风动工具厂、沈阳纸板厂、沈阳市轻化搪瓷厂、沈阳弹簧厂；另外1处位于沈河区，沈阳钟表厂（表1-3）。

表1-3　　沈阳闲置工厂遗址统计表

序号	名称	原名	地址	时间	现状
1	沈阳新华印刷厂	新大陆印刷株式会社	铁西区建设中路30号	1937年	停产，厂址、厂房仍在
2	沈阳第四橡胶厂	满洲藤仓工业株式会社	铁西区齐贤北街32号，已搬迁至沈阳经济技术开发区	1937年	停产，厂址、厂房仍在，已挂牌出售
3	沈阳高压有限责任公司（沈阳高压开关厂）	原奉天制作所	铁西区北三中路和齐贤街交会北侧	1937年	停产，厂址、厂房仍在
4	沈阳第一标准件制造公司（沈阳第一标准件制造厂）	原大阪静机工业所	铁西区北一西路以北	1939年	停产，厂址、厂房仍在
5	沈阳东北蓄电池股份有限公司（沈阳东北蓄电池厂）	原日资满洲汤线株式会社	铁西区保工北街28号	1940年	停产，厂址、厂房仍在
6	沈阳风动工具厂	原满洲金属株式会社	铁西区云峰北街21号	1937年	停产，厂址、厂房仍在
7	沈阳纸板厂	满洲制纸株式会社	铁西区北三中路29号	1939年	停产，厂址、厂房仍在
8	沈阳市轻化搪瓷厂	满洲珐琅合资会社	铁西区爱工街和建设东路交会处	1936年	停产，厂址、厂房仍在

续表

序号	名称	原名	地址	时间	现状
9	沈阳弹簧厂		铁西区保工北街与北三路交会处	1940 年	停产，厂址、厂房仍在
10	沈阳钟表厂		沈河区朝阳街 127 号	1959 年	2004 年破产，原址预计打造综合创意产业园区

沈阳新华印刷厂，位于铁西区建设中路30号，始建于1937年，原名为新大陆印刷株式会社，1949年后改名为沈阳新华印刷厂，是中国四大印刷基地之一，历史悠久，如今老厂区已停产，但厂址、厂房仍保留。

与新华印刷厂同样情况的还有沈阳第四橡胶厂、沈阳高压开关厂、沈阳第一标准件制造厂、沈阳东北蓄电池厂、沈阳风动工具厂、沈阳纸板厂、沈阳市轻化搪瓷厂、沈阳弹簧厂，这些工厂大多数是原日资企业改造而成，目前属于停产状态，但原厂址、老厂房仍在，但都闲置，其中沈阳第四橡胶厂的厂区地皮已经挂牌出售。

沈阳钟表厂，位于沈河区朝阳街127号，1959年创建，曾经被原国家轻工部命名为“全国四大钟厂”之一，2004年宣布破产后，老厂被拍卖，《辽沈晚报》（2013年10月10日）中报道该厂区将建类似北京798的综合性文化创意产业园区。

沈阳遗留下来的闲置工厂遗址多位于铁西区，且多为原日资企业，目前，这些闲置的工厂遗址部分预计改造成主题公园或创意产业园，部分已挂牌出售。

综上所述，通过调查走访沈阳至今保留的工业遗存，可以发现这些工业遗存主要由政府部门认定的不可移动文物，以及仍在使用中的老旧建筑遗存和闲置厂区遗址三部分组成，分布在大东、铁西、皇姑、和平、沈河这五个区。从数量统计上看，以大东区和铁西区较多，这和大东区与铁西区最初的区域规划有关，大东区主要为军工和民用企业的集会地，而铁西区是日资企业的聚集地。

工业遗存的去留是国内外许多工业城市在更新中面对和亟待解决的问题。沈阳对这些工业遗存采取了保留和改造两种方式，除了保留，改造也是顺应城市更新的必要手段。对工业遗存的再利用，一方面可以实现环保节约资源的目的，另一方面可以推动城市建设的可持续发展，尤其是城市文化建设的发展，并间接地促进城市的经济增长。

二、工业遗存改造

沈阳工业遗存的改造方式分为三种：一种是对工业遗址的改造，这体现在公共广场、公园的建设上；一种是对老旧厂房的改造，这主要体现为将其改造成公共建筑；还有一种是现成品改造，利用遗留下来的废弃设备、器械、车辆等现成品，或整体利用或将其拆解成单独的零部件后加以改造，将其纳入城市景观的建设材料中。

（一）工业遗址改造

对工业遗址的改造，沈阳的做法主要是在这些工业遗址上兴建或扩建工业文化主题的广场与公园：广场有重型文化广场、惠工广场、沈阳站站前广场、铁西广场；公园为劳动公园（表1–4）。

表1–4　　沈阳工业遗址改造情况

序号	名称	遗址改造内容	地址	备注
1	重型文化广场	原沈阳重型机器厂厂址	铁西区兴华北街8号	2009年10月由鲁迅美术学院和东北建筑设计院设计，2010年6月18日竣工，占地面积3万平方米
2	惠工广场	惠工工业区原址	沈河区惠工街164号	惠工工业区（规划用地面积1.3万平方公里）以惠工广场为中心，现为沈阳大型交通枢纽和商业活动区
3	沈阳站前广场	谋克敦站（奉天驿）原址	和平区胜利南街2号	兴建时间1899年，1950年命名沈阳站，2013年改造完成。样式、比例、色彩等方面都将延续原有建筑的“辰野金吾”（沈阳站的设计者）风格
4	铁西广场	原沈阳起重机厂厂址	铁西区建设东路与兴华南街交汇处	铁西区政府、沈阳建筑大学联合设计建设，广场中心为《力量》主题雕塑，于2011年竣工

续表

序号	名称	遗址改造内容	地址	备注
5	劳动公园	原公园基础上扩建	铁西区肇工街南街	1958年规划为公园，因地处工人村附近，取名“劳动公园”，占地面积34.7万平方米

重型文化广场建于原沈阳重型机器厂厂址上，重型指的是原沈阳重型机械厂，广场北边原是炼钢铸造大型钢件的十二车间和五座煤气发生炉；南边原是二金工车间；东侧是原职工食堂、职工医院和独身宿舍的位置，这些部门的遗址合起来就是今天的整个重型文化广场。2009年11月广场开始建设，2010年6月18日竣工落成。广场占地面积约3万平方米，设计单位是鲁迅美术学院和东北建筑设计院。广场设计以大型工业主题雕塑为中心，广场主入口、广场雕塑、文化创意产业园三个重要的景观节点形成一条中轴线。在广场的规划上，以中轴线为基准线，公共文化设施分布在广场的两边，成对称的排列布局。

惠工广场是在惠工工业区原址上兴建起来的，地址位于沈河区惠工街164号。在20世纪20年代，奉天市政公所（相当于今天的沈阳市政府）为冲破日本等外国资本对民族工业的束缚，将城市发展的重心向城东、城北转移，在老城西北规划了惠工工业区，惠工工业区路网呈方格加放射状，街坊整齐划一，在此规划并建设了迫击炮厂、电灯厂、文教用品厂和国民大市场等。现在的惠工广场除了名字外，已看不到任何与工业相关的痕迹，因地理位置处于城市交通中心，现为沈阳大型交通枢纽和商业活动区。

沈阳站前广场，位于和平区胜利南街2号，建于沈阳站的东侧，2013年整体改造完成，占地面积5万平方米，由于沈阳站的建筑风格仍延续当时的设计，沈阳站前广场在整体风格上也保留了原有的风貌特征。

铁西广场，位于沈阳建设东路与兴华南街交汇处，是在原沈阳起重机厂拆迁后修建而成。广场由铁西区政府、沈阳建筑大学联合设计建设完成，广场中心为名为《力量》的主题雕塑，于2011年竣工，形象选择了具有纪念意义的吊钩，广场名字也具有纪念铁西区工业文化精神的含义。作为工业走廊开端，建设大路东端，地铁1号线铁西广场站的所在地，铁西广场既是一个地标，也是大众休闲娱乐的场所。

劳动公园，地点位于铁西区肇工街南街，紧邻铁西区工人村，1958年规划为公园，因地处工人村附近，取名“劳动公园”，占地面积34.7万平方米。如今劳动公园围墙早已拆除，可以从临街的任何一处进入园内，但还有过去约定俗成的东门、南门、西门、西北门和东北门，其中东门为劳动公园的正门。通过扩建，公园增加了不少工业元素：东门斜对面是卫工明渠，渠上建有劳动新桥，桥两侧的卫工街上摆放着包含铁西工业元素的雕塑。园内建有五一广场，广场北侧是主题为“劳动创造未来”浮雕，整座浮雕高4.90米，长20.06米，厚0.8米，表现1949年以来全国著名劳模生产、劳动和创造的生动场面，劳模中包括享誉全国的沈阳籍劳模张成哲、李湘君等。从五一广场西行，脚下是一条贯通公园东西的劳模路，劳模路宽21米，水泥路面，路两侧种植高大的垂柳，劳模路上经常有老年人在这里跳交谊舞，已成为公园一景。路南侧，靠近振兴湖边的树林中和草地上，间隔摆放着五尊全国劳动模范塑像，有全国劳模马恒昌、全国工业战线生产建设“十面红旗”之一的王凤恩、“中国机器人之父”蒋新松、“焊接大王”阎德义等。劳模路的中段，全国劳动模范雕塑群的西侧是辽宁省历届全国劳动模范名单墙和展示全国劳动模范事迹的宣传橱窗围成的长方形劳模园。

上述广场和公园是在具有历史意义的工业区原址上修建或扩建而成，它们或在命名上或在主题风格上仍旧保留了原有的工业气息，这些改造后的广场公园为市民提供了更多休闲娱乐的公共场所。

（二）老旧工业建筑改造

沈阳的部分老旧厂房改造成公共建筑，主要包括文化创意产业园、博物馆、城市书房三类（表1–5）。

表1–5 沈阳老旧工业建筑改造情况

序号	名称	建筑改造内容	地址	备注
1	1905文化创意产业园	沈阳重型机器厂二金工车间	铁西区兴华北街8号	车间改造成产业园用房
2	中国工业博物馆	沈阳铸造厂厂房	铁西区卫工街14号	部分原厂房改造成博物馆展馆

续表

序号	名称	建筑改造内容	地址	备注
3	工人村生活博物馆	工人村独栋宿舍	铁西区赞工街2号	原址改造成博物馆
4	“二战”盟军战俘营纪念馆	满洲工作机械株式会社MKK劳工工厂厂房	大东区地坛街30-3号	改造成历史纪念性公共博物馆，2008年定位省级文物保护单位
5	“万科蓝山居住综合体”项目公共博物馆	解放军1102工厂老厂区水塔	铁西区北二路万科蓝山小区	保留老水塔，改造成博物馆
6	沈阳11号院艺术区	沈阳凸版印刷厂	和平区11纬路111号	改造成多业态的艺术综合体，2011年对外开放
7	红梅文创园	沈阳味精厂（红梅企业集团）	铁西区卫工北街44号	拥有13栋特色工业建筑，2019年建成
8	奉天记忆文化创意产业园	沈阳自行车厂	铁西区齐贤北街二段7号	保留部分老建筑，2020年建成
9	1956铁锚文创园	1956年创办的沈阳砂布厂	大东区大东路47号	保留老厂房，2016年建成
10	东贸库时代文仓	1950年抗美援朝时期开始建设的中华人民共和国第一代仓储园区	大东区东贸路	保护和再利用7栋历史建筑

位于铁西区兴华北街8号的1905文化创意产业园是沈阳规模较大且最具代表性的文化产业园，原型是沈阳重型机器厂二金工车间，沈阳重型机器厂被誉为中国重机工业的摇篮，始建于1937年11月11日。这个车间曾在1949年10月31日炼成了新中国第一炉钢水，也是在这里，当年的沈阳重型机器厂于“一五”至“六五”期间创造了四十多项“共和国第一”。2006年，沈阳重型机械（集团）有限公司与沈阳矿山机械（集团）有限责任公司重组为北方重工集团，2009年5月18日，老厂区停产，新厂迁至沈阳经济技术开发区。而保留下来的这个二金工车间则由远大集团进行玻璃幕墙施工改造，2013年完成并对外开放，现为对外开放的商业性文化创意产业园，在这里不时会有艺术

展或与大众文化相关的商业活动，吸引了不少本地和外地的民众前来参观。

位于铁西区卫工街14号的中国工业博物馆由沈阳铸造厂老厂车间改造而成，这是中国第一个工业博物馆，也是目前国内规模最大的工业博物馆。博物馆占地面积8万平方米，建筑面积6万平方米，2012年5月正式对外开放。原铸造厂占地面积33万平方米，职工人数多时达5800人。2007年，沈阳铁西老工业区搬迁改造过程中，铁西区根据部分人大代表、政协委员及铸造厂广大职工的意愿，决定将现存的工业文化遗产予以保护，把该厂铸造老车间保留下来，将其改建成铸造博物馆，现更名为中国工业博物馆，该馆基本保留了原铸造厂一车间的原貌，馆内存放大量实物，展示了七大铸造工艺流程，并运用大量的图片和文字，形象再现了铸造厂车间工人生产时的场景。

位于铁西区赞工街2号的工人村生活博物馆由铁西区一幢工人宿舍楼改造而成，这是一座20世纪50年代三层起脊闷顶红砖苏式房，工人村的工人宿舍是为改善20世纪50年代沈阳铁西区工人的住宿条件而兴建，1954年兴建13栋，1957年续建51栋，至此形成占地面积73万平方米，建筑面积40万平方米的5个建筑群，是最早的工人住宅楼群。现宿舍楼已不适合居住，因此只保留了几幢，其中一幢宿舍楼改造成工人村生活馆，现为对外开放的生活博物馆，内部展示了20世纪50至90年代沈阳工人的日常生活场景及使用的各种生活物件。

“二战”盟军战俘营纪念馆，位于大东区地坛街30-3号，这个建筑曾在1943—1945年间使用，现为历史纪念性公共博物馆，2008年定为省级文物保护单位。

2010年，地产企业万科集团收购了前身为中国人民解放军第1102工厂的一大片厂区，建成了万科蓝山小区，地点是铁西区北二路，在兴建住宅小区的同时特意保留了一座水塔，这座水塔建于1959年，是典型的工业遗存建筑，万科企业将其改造为小区内的公共博物馆，这座博物馆为企业出资改造，改造的初衷既有商业上的考虑，也有对历史建筑的保护。

和平区11纬路111号的沈阳11号院艺术区也是具有商业性质的文化创意产业园区，艺术区原为沈阳凸版印刷厂，印刷厂建于1979年，经营不善倒闭后由一批艺术家接手，发起人是鲁迅美术学院的刘成龙等，2011年对外开放，空间较大的厂房主要改造成艺术培训机构，面积较小的厂房根据各自的特点改造成酒吧、咖啡屋等，11号院艺术区改造的宗旨是打造多业态的艺术综合体。

红梅文创园，原为沈阳味精厂，改革后称为红梅企业集团，集团于2014年被裁定破产，厂址位于铁西区卫工北街44号，始建于1937年，现已停产。《辽沈晚报》(2015年4月2日)的报道称政府计划将其改造成主题公园，2019年正式改建为红梅文创园。红梅文创园占地面积6.16万平方米，共拥有13栋特色工业建筑（其中1栋为文保建筑，5栋为历史建筑）整体建筑采用“修旧如旧”“原址加固”的保护手法，建筑新旧共存。奉天记忆文化创意产业园，原为沈阳自行车厂，位于铁西区齐贤北街二段7号，自行车厂于1996年停产，人民网上有报道称这片地区将建成奉天记忆的主题文化创意产业园区，2020年建成奉天记忆文化创意产业园。

1956铁锚文创园的前身是1956年创办的沈阳砂布厂，于2016年进行了艺术改造，将原本的重工业老厂房进行了最大程度的保留，如今成为市区中集休闲、文化、艺术、商业于一体的综合产业园。

东贸库时代文仓，是华润置地·时代公园改造项目，位于沈阳东站南侧的中华人民共和国第一代仓储园区“东贸库”，是沈阳市现存建设年代最早、规模最大、保存最完整的民用仓储建筑群，在东北地区乃至全国仓储物流业发展史上具有重要地位，在仓储建筑及园区类型学研究上具有重要价值。2019年，“东贸库历史建筑群”被列入《沈阳市第五批历史建筑初选名单》。其中，利用原仓库改造而成的时代文仓成为一个公益的文化场所，“时代书房”这个建造主题对沈阳人来说极具吸引力。

在沈阳，老旧工业建筑遗存的改造主要包括在原建筑的基础上进行外观上的部分保留以及内部功能上的全新改造，通过改造成博物馆和文化创意产业园等公共建筑形式，使这些本来已废弃的老旧建筑焕发新的生命。

（三）现成品改造

沈阳工业遗存中的现成品包含了大量废弃的工业设备、器械、拆卸下来的零部件以及报废车辆等，如吊钩、机床、钢包、齿轮、吊钩、管道、皮轮、蒸汽机车等。这些废弃品经改造成为城市中具有景观性质的公共艺术品，主要分布在铁西区、和平区、沈河区、皇姑区和浑南新区，2014—2018年间，具体的数量分别为铁西区63件、和平区4件、皇姑区2件、沈河区1件、浑南新区1件、大东区1件。

铁西区工业遗存的数量最多，因此改造的工业现成品数量也最多，共有63件，主要集中在中国工业博物馆、铁西区建设大路及沿线、重型文化广场三个区域。另外，还有一些零星现成品放置在小型的广场公园、创意产业园内或者商场外围的公共空间。

中国工业博物馆中经过改造的现成品共32件，现成品全部来自沈阳铸造厂，放置地点包括室内和室外：室外公共草坪上的现成品以较大的铸造零件为主，其中利用钢包及铸件改造的作品最为醒目，还有整体放置的蒸汽机车、无轨电车以及老式的公交车等；在博物馆内，多为小型零件改造而成的室内装饰浮雕（表1-6）。

表1-6　　中国工业博物馆的现成品改造情况

序号	名称	现成品来源	地址	改造情况
1	无名	钢包	博物馆公共绿地上	整体利用，配以大理石台基
2	无名	石轮碾子	博物馆公共绿地上	整体利用
3	无名	钢锭模	博物馆公共绿地上	整体利用
4	无名	导向轮	博物馆公共绿地上	整体利用
5	无名	法兰	博物馆公共绿地上	整体利用
6	无名	吊钟	博物馆公共绿地上	整体利用
7	无名	管道及连接附件	博物馆公共绿地上	整体利用
8	无名	滚轮	博物馆公共绿地上	整体利用
9	无名	旧轮胎	博物馆公共绿地上	整体利用
10	无名	冷却点盘	博物馆公共绿地上	整体利用
11	无名	连接件	博物馆公共绿地上	整体利用
12	无名	轮盘机	博物馆公共绿地上	整体利用
13	无名	轮轴	博物馆公共绿地上	整体利用
14	无名	铁链	博物馆公共绿地上	整体利用
15	无名	有孔管件	博物馆公共绿地上	整体利用
16	无名	支架	博物馆公共绿地上	整体利用
17	无名	中铸管	博物馆公共绿地上	整体利用
18	无名	轴承	博物馆公共绿地上	整体利用
19	无名	转盘	博物馆公共绿地上	整体利用

续表

序号	名称	现成品来源	地址	改造情况
20	无名	蒸汽机车	博物馆公共绿地上	整体利用
21	无名	无轨电车	博物馆公共绿地上	整体利用
22	无名	轨道车	博物馆公共绿地上	整体利用
23	无名	老式公共汽车	博物馆公共绿地上	整体利用
24	导视牌	工业管道	博物馆公共绿地上	部分利用
25	单椅	皮轮	博物馆展厅内	部分利用，配玻璃椅面
26	长椅	工业弹簧	博物馆展厅内	部分利用，配木制椅面
27	配套桌椅	轴承、齿轮、工业铁锤	博物馆展厅内	整体利用
28	桌	沙箱	博物馆展厅内	部分利用，配玻璃桌面
29	摆件	齿轮	博物馆展厅内	部分利用
30	摆件	吊梁	博物馆展厅内	整体利用
31	浮雕	齿轮、扳手	博物馆展厅内	整体利用
32	浮雕	钢条、钢管、风轮等各种工业零件	博物馆外墙上	整体利用，组合焊接后钉在墙上

铁西区建设大路及沿线的工业现成品均改造成主题雕塑。建设大路是沈阳著名的景观路，由东至西分别矗立着《力量》《铿锵名录》《机床（1970）》《雪花（1933）》《印刷乐章》《孵化》《工业魔方》《熔铸》《速度》9件作品，这些作品的主题都与沈阳的工业历史相关，《熔铸》在2014年时被迁走。其中，《机床（1970）》《孵化》《工业魔方》《熔铸》采用了整体利用的方式，直接对机床、沙箱、钢包进行创作，而《力量》《铿锵名录》《雪花（1933）》《印刷乐章》《速度》则采用了借用工业元素的方式，向西延至肇工南街的一个小型广场上摆放着《速度》（表1-7）。

表1-7　建设大路及沿线的现成品改造情况

序号	名称	现成品来源	地址	改造情况
1	《力量》	工业吊钩	铁西广场	借用工业元素
2	《铿锵名录》	铁板、齿轮	建设大路东端	借用工业元素

续表

序号	名称	现成品来源	地址	改造情况
3	《机床（1970）》	机床	建设大路	整体利用
4	《雪花（1933）》	啤酒瓶	建设大路	借用工业元素
5	《印刷乐章》	印刷机	建设大路	借用工业元素
6	《孵化》	机床	建设大路	整体利用
7	《工业魔方》	沙箱	建设大路	整体利用
8	《熔铸》	钢包	建设大路西端	整体利用
9	《速度》	齿轮	铁西区肇工南街与建设西路交汇	借用工业元素

重型文化广场上的工业现成品改造围绕着整个广场分布，共有13件，全部为公共设施，包括长椅、车挡、秋千、跷跷板、滑梯、花钵、景观小品、树木护栏、果皮箱等，全部是整体利用，配之以包括木板在内的各种辅助结构，便于市民长期使用（表1-8）。截至2023年，重型文化广场因地铁修建，已有的现成品有所挪移。

表1-8　　重型文化广场上的现成品改造情况

序号	名称	现成品来源	地址	改造情况
1	广场休闲长椅	机床	铁西区重型文化广场	整体利用，配上木条椅面
2	广场入口车挡	螺栓	铁西区重型文化广场北	整体直接利用，北面6个，西面2个
3	广场停车场车挡	立式齿轮	铁西区重型文化广场西	切割一半后加以利用
4	广场停车场车挡	横式齿轮	铁西区重型文化广场	整体利用
5	广场停车场车挡	工业管道、阀门	铁西区重型文化广场	整体利用、粉色喷漆
6	广场停车场车挡	伸缩金属零部件	铁西区重型文化广场	整体利用
7	广场跷跷板	工业轴承、电动平车动力轮组	铁西区重型文化广场西	整体利用，配上木条板面

续表

序号	名称	现成品来源	地址	改造情况
8	广场秋千	工业输送管道	铁西区重型文化广场西	整体利用，配上绳子、木板座
9	广场儿童滑梯	工业油桶（200升）	铁西区重型文化广场西	整体或部分利用，配上铁架
10	花钵	锅炉	铁西区重型文化广场西南	整体利用
11	景观小品	电动平车	铁西区重型文化广场东	整体利用，配上木制植物围挡
12	树木护栏	锅炉盖	铁西区重型文化广场南	整体利用
13	果皮箱	管道节点	铁西区重型文化广场	整体利用

除了以上三个集中区域，铁西区还有一些零散的工业现成品，分别位于1905文化创意产业园内、劳动公园门口、北一路金街（万达广场步行街）、保工北街和塔湾街交汇处以及北车集团门口，这些零散的现成品共有9件，大部分是整体利用工业废弃品，部分借用工业元素，改造的对象包括轮胎、上游型蒸汽火车车头、转盘、支架、硼砂沙漏、油压千斤顶、钢包等（表1-9）。

表1-9　　铁西区零散的现成品改造情况

序号	名称	现成品来源	地址	改造情况
1	无名	轮胎	1905文化创意产业园	整体利用
2	无名	上游型蒸汽火车车头	保工北街和塔湾街交汇处	整体利用
3	无名	转盘	北一路金街万达广场步行街	整体利用
4	无名	支架	北一路金街万达广场步行街	整体利用
5	万达地标	缝纫机机头	北一路金街万达广场步行街	借用工业元素
6	无名	硼砂沙漏	劳动公园门口	整体利用
7	无名	油压千斤顶	劳动公园门口	整体利用
8	无名	钢包	劳动公园门口	整体利用
9	无名	齿轮	北车集团门口	借用工业元素

和平区内改造的工业现成品共有4件，全部位于十一纬路11号11号院艺术区，都是整体利用（表1-10）。

表1-10　　和平区的现成品改造情况

序号	名称	现成品来源	地址	改造情况
1	无名	印刷机	十一纬路 11 号 11 号院艺术区	整体利用
2	无名	牛头刨床	十一纬路 11 号 11 号院艺术区	整体利用
3	餐厅部分结构	集装箱	十一纬路 11 号 11 号院艺术区	整体利用
4	咖啡馆部分结构	火车车厢	十一纬路 11 号 11 号院艺术区	整体利用

沈河区内改造的现成品有1件，放置在沈河区中街路168号沈阳春天门口，沈阳春天是位于中街步行街上大型的商场，以销售服装为主，这个现成品是商场从旧物市场买过来的，是一个摇臂机床，上面标有局管设备（匈牙利进口），行人可以坐在上面休息（表1-11）。

表1-11　　沈河区的现成品改造情况

序号	名称	现成品来源	地址	改造情况
1	无名	摇臂机床	沈河区中街路 168 号沈阳春天门口	整体利用

浑南新区内改造的现成品有1件，是放置在一个小区内，这个小区是万科开发的住宅小区，小区从入口到中心，有很长一段铁路轨道，铁轨上还设有花车，作为小区环境的装饰物，这段铁轨是小区的特色景观设计之一（表1-12）。

表1-12　　浑南新区的现成品改造情况

序号	名称	现成品来源	地址	改造情况
1	景观小品	火车轨道	浑南新区万科新榆公馆	整体利用

皇姑区内改造的现成品共有2件，1件位于克俭公园内的一处绿地上，有两节绿皮车厢，下面配以车轨，行人可以进入车厢内，近距离感受这种老

式火车的魅力，另外1件位于克俭公园以南的一处废弃的铁轨上，有一个蒸汽火车车头和两节车厢，甚至还配有一个车灯导向杆，旁边种植着高大的树木，蒸汽火车车头和车厢掩映在树林之中（表1–13）。

表1–13　　皇姑区的现成品改造情况

序号	名称	现成品来源	地址	改造情况
1	无名	绿皮火车车厢	皇姑区克俭公园	整体利用
2	无名	蒸汽火车车头和车厢	皇姑区克俭公园南	整体利用

大东区内的现成品改造有1件，位于小北关街202号巷，方圆大厦与中韩大厦中间广场，一处地面浮雕是用齿轮整体镶嵌在地砖中间（表1–14）。

表1–14　　大东区的现成品改造情况

序号	名称	现成品来源	地址	改造情况
1	无名	齿轮	方圆大厦与中韩大厦中间广场	整体利用

沈阳市内改造的工业现成品中有63件集中在铁西区，这是因为铁西区是沈阳的重工业集中地，遗留的工业器械较为丰富，其中，以中国工业博物馆、建设大路及沿线、重型文化广场的工业现成品数量最多；其次是和平区，和平区的沈阳凸版印刷厂倒闭后改建成11号院艺术区，因此在院内放置了一些工业废弃品作为现成品雕塑，但保护的情况不是很好；皇姑区的克俭公园因为毗邻火车道，因此因地制宜，在园内和以南停放了两处火车的车厢及车头。

通过对沈阳工业遗存现状的调查发现，保留下来的工业遗存主要包括由政府部门认定的不可移动文物，仍在使用中的老旧建筑遗存，以及等待处理的闲置厂区遗址。而沈阳工业遗存的改造主要涉及三个领域的改造，即工业遗址改造、老旧厂房改造和工业现成品改造，尤其是工业现成品改造既将成本减至最低，又能发挥更多的改造空间，动用艺术的手段，这些现成品经过二度创作进而被打造成城市公共艺术品，为市民带来更多的惊喜。

小结

沈阳的工业历史悠久，从19世纪末至今，期间经历过民族工业兴起、外资工业注入、国家重要的工业基地、经济转轨后的改革四个重要历史阶段，可谓有起有落，亦造就了沈阳深厚的工业文化背景并遗留下大量的工业遗存。通过实地考察，2014—2018年间，沈阳对工业遗存主要采取保留和改造两种处理方式，具有重大历史价值的遗存被保留并得到政府相关部门的维护，除此以外，沈阳遗留下来大量的厂址、厂房、现成品为工业遗存的改造提供了充足的原材料。在工业遗存的改造实践中，沈阳分批对遗留下来的厂址、厂房、现成品进行改造：工业遗址的改造主要体现在广场、公园的建设上；老旧厂房改造主要表现为将其改造成公共建筑；现成品改造是利用工厂中遗留下来的一些废弃的设备、器械或者报废的老旧车辆等现成物，或整体利用，或将其拆解成单独的零部件，将其作为城市公共艺术的建设材料，包括吊钩、机床、钢炉、齿轮、管道、皮轮、蒸汽机车等都是可以再利用的创作材料。截至2018年，沈阳市内经改造的工业现成品共有72件，分布较广，这些现成品改造而成的城市公共艺术品，既具备一定的审美特质，也拉近了艺术品与市民之间的距离。

第二章

工业现成品艺术的类别

近些年，随着城市的不断更新，沈阳的城市公共空间[1]中相继出现工业现成品艺术的身影，主要涉及雕塑和公共设施两大领域。这些现成品雕塑和现成品公共设施被放置在城市公共空间中的不同地点，在不同环境的映衬下，以全新的形象呈现在公众的视野里，它们作为一个连接物，将沈阳的历史与城市文化、市民记忆串联起来。现成品雕塑和现成品公共设施主要包括两种创作类型：一类是直接利用现成物改造而成；另一类是借用现成物的造型元素创作而成。根据所处空间、传递内容或具体用途还可以进一步细分，逐层分类的方法有助于了解沈阳工业现成品艺术介入公共空间的实践路径。

第一节　工业题材的现成品雕塑

雕塑有狭义、广义之分。狭义的雕塑是指传统意义上的雕塑，是“用雕、刻、塑以及堆、焊、敲击、编制等手段制作三维空间形象的艺术”（《中国大百科全书·美术卷》）；广义的雕塑则范围更广，包括了现成品雕塑，现成品雕塑是指利用现成品改造而成的雕塑作品。在沈阳，随着现成品雕塑作品的逐年增多，材料和创作的多元化，它们也渐渐成为城市的工业文化符号，反映出这座老工业城市的历史。

一、利用工业现成品改造的雕塑

直接利用工业现成品改造而成的现成品雕塑，能够最大程度保留工业现成物的本色，作品中蕴含着浓厚的历史韵味。根据空间类型，可分为室外景观雕塑和室内置景雕塑两类。

---

[1] 公共空间有广义和狭义之分，广义的公共空间不仅仅是地理概念，更重要的是进入空间的人们，以及展现在空间之上的广泛参与、交流与互动。这些活动大致包括公众自发的日常文化休闲活动，和自上而下的宏大政治集会。本章所提及的公共空间，是指狭义的公共空间，是指那些供城市居民日常生活和社会生活公共使用的室外及室内空间。室外部分包括街道、广场、居住区户外场地、公园、体育场地等；室内部分包括政府机关、学校、图书馆、商业场所、办公空间、餐饮娱乐场所、酒店民宿等。

（一）室外景观雕塑

这类雕塑的主要摆放地点是景观大道、公共绿地、广场公园、商业街区等城市的室外公共空间。室外景观雕塑一方面具有公共性特征，另一方面具有景观装饰的功能，因此属于城市雕塑[1]的范畴。根据传递内容，室外景观雕塑还可进一步划分为主题雕塑和标识雕塑两类。

1. 主题雕塑

主题雕塑传达的内容往往与城市的环境和历史相关，作品需点明主题，甚至升华主题，具有纪念、教育、美化、说明等意义。沈阳利用现成物创作而成的主题雕塑大部分位于铁西区建设大路及沿线，由东向西依次包括《机床（1970）》《孵化》《工业魔方》《熔铸》等作品，设计单位是沈阳建筑大学，相继于2010年、2011年完工。另外，在沈阳重型文化广场西侧，还有一件《和谐》也是主题雕塑。这些作品在主题上紧扣时代变化：有的是纪念性的，表达对沈阳曾经的工业历史的记忆；有的是主语性的，是主题的升华，表达对沈阳这座工业城市再次腾飞的展望。

"纪念性雕塑是人类历史的记忆，它表现了时代的社会文化和精神追求。尽管纪念性的雕塑比较多的受主权阶级的影响，所建立的公共关系多数是以上至下的传达，但这都不影响它的公共性质。公共性质中的参与交流内容是在社会文化背景中进行的，公共关系的影响在纪念性雕塑建立前就已经完成了，每个纪念性雕塑的创作都离不开具体的社会文化背景，而这种社会文化背景正是整个社会所共同作用的结果。"[2]在铁西区建设大路沿线的纪念性雕塑有《机床（1970）》和《熔铸》，它们在主题上表现了对沈阳工业历史的纪念。

《机床（1970）》（图2-1），位于建设大路东，云峰街与兴华街之间。这件作品直接将原沈阳机床厂型号为CW163的车床放置在路边，机床上半部分

[1] 城市雕塑是指在城市规划区范围内的道路、广场、绿地、居住区、风景名胜区、公共建筑物及其他活动场地建设的室外雕塑（《城市雕塑建设管理办法》1993年9月14日文化部、建设部发布）。沈阳的这些工业现成品雕塑属于城市雕塑的范畴内。

[2] 温洋. 公共雕塑［M］. 北京：机械工业出版社，2006：24.

图2-1 《机床(1970)》

图2-2 《熔铸》

加上了漆成红色的装饰带，东边围绕着机床配备了折线状的木条长椅，市民可以近距离观看、触摸，也可以坐在旁边长椅上休息。《熔铸》(图2-2)，被放置在建设大路西一处小区前的草坪上，下有水泥底座。主体直接采用原沈阳轧钢厂钢包。钢包又叫钢水包，前有水口，上有轴承式的龙门架，用于承接钢水以及进行浇注的作业。这件雕塑作品展现的就是钢包的浇铸过程，钢包的水口向前，呈倾斜状，似乎正要倾倒钢水，前方的地面上配以水泥做的方形井口，如今这件作品已被迁走。

上述现成品雕塑属于纪念性雕塑，表达了对沈阳曾经辉煌的工业历史的纪念。之所以选择现成品雕塑这种艺术形式来传达纪念的内容，是因为在“发挥纪念作用时，雕塑总能唤醒当事人对往昔的记忆，让人沉浸其中。此种追忆包含‘痛惜’与‘自豪’两类情感。二者并不绝对分割，依据性质不同有时也相互兼容。”[1]

与纪念性的主题雕塑相比，主语性的雕塑作品是“以主要内容表达为主，以叙述主题为目的公共雕塑形式。……它关注的是更广泛意义上的主题内容性”[2]。建设大路沿线的主语性雕塑包括《孵化》《工业魔方》《和谐》，它们在主题上反映了沈阳作为一座重工业城市，在经济转轨后再次实现辉煌的展望。

《孵化》(图2-3)，位于铁西区建设大路中路的贵和街路口处，下有圆形台座，整体造型如同一个裂开的蛋，外壳呈金色，壳的内部是竖立起来的

[1] 许正龙. 雕塑概论 [M]. 北京：清华大学出版社，2011：147.

[2] 温洋. 公共雕塑 [M]. 北京：机械工业出版社，2006：25.

机床，漆成亮银色，金、银组合的色调非常醒目，破壳而出的机床表达了铁西区工业新生这一主题。建设大路东端齐贤街路口的一处公共绿地上，立着《工业魔方》（图2-4），呈立方体造型，45°倾斜立在草坪中央，下有一层水泥台座。作品直接取材于沈阳铸造厂的铸造砂箱，该种砂箱曾专用于浇铸大中型鼓风机机壳和底座坯件等工业产品。砂箱的一些空隙中镶嵌了红色、黄色、蓝色、灰色等大小不一的正方体或长方体木块，起到点缀作用，远观好似一个变化无穷的魔方。《工业魔方》在主题上展现了时代精神，充分表现了铁西区的广大工人阶级勤于思考、勇于创新、不断进取的精神风貌。《和谐》（图2-5）与上述雕塑相比体量较小，加上台座只有半米高，放置地点是重型文化广场西北角，旁边设有停车场，左右都是景观绿化带，作品选取了一段拉开的链轨，这是原重型机械厂铸钢车间焖火窑的链轨，下设台座，斑驳的锈迹和链轨的色调保持统一，取名《和谐》，正是寓意了工业与新时代的共生。

图2-3 《孵化》

图2-4 《工业魔方》

图2-5 《和谐》

以上雕塑围绕的内容都与沈阳的工业历史有关，创作材料包括机床、齿轮、钢包、翻砂箱、链轨等，是对工业现成品的直接利用。其中，《机床（1970）》和《熔铸》在主题上追忆了沈阳曾经的工业辉煌：《机床（1970）》，直接放置了一台20世纪70年代生产的机床，以此纪念那个时代沈阳机床生产领域的成就；《熔铸》直接摆放工厂遗留下来的钢包，它无声地记述了沈阳轧钢厂的铸造历史。它们都具有纪念的功能和意义。“纪念，指用事物或行动对人或事表示怀念。纪念对象是人或事，即某个或某些有价值的人或者曾经发生过的某一真实事件。纪念具有情感色彩。以情理为内在基石，奠定起一个值得怀念的记忆丰碑，目的着眼于将来，是情谊的凝结核精神的昭显。通过刻画塑造有价值的人物和有意义的事件，再现其中人物的高尚风范，反映具体事件的情景或性质，以此作为楷模或示意场所，产生了雕塑的纪念性作用。”[1]而《孵化》《工业魔方》《和谐》等几件主语性雕塑在主题上展现了沈阳新时代的风貌及对未来的展望：《孵化》在裂开的壳内放置了一个翻新的机床，表现了铁西区的蜕变；《工业魔方》在翻砂箱的基础上镶嵌了几个木制彩块，借用魔方富于变化的特性展示了工人勤于思考、不断进取的主题；《和谐》表达了沈阳的工业能够与新时代和谐统一的愿望。以上城市雕塑都是通过利用现成品将主题深化，以最少的材料表达最深刻的内容，在唤起沈阳市民记忆的同时表达对城市美好未来的期许。

2. 标识雕塑

标识雕塑没有既定的、明确的主题，但是因其典型的工业造型和易识别性，摆放到公共空间中仍具有标志物的特点，虽然不如主题雕塑那样能深刻地反映时代变化或者追忆工业历史的辉煌，但通过摆放的方式以及与新环境的组合，仍然能够让观众感受到工业文化的气息。标识雕塑在沈阳的分布更广，铁西区、皇姑区、大东区、和平区和浑南新区都有它们的身影，其中，以铁西区的标识雕塑数量最多。标识雕塑放置的地点主要包括公共绿地、广场公园和商业街区等。

将大型器械拆卸成零部件并加以利用的标识雕塑主要集中在铁西区中国工业博物馆内的公共绿地上，这些工业零件包括钢包、石轮碾子、浇铸模具、导向轮、法兰、吊钟、管道及连接附件、滚轮、旧轮胎、冷却点盘、连接件、轮盘机、轮轴、铁链、有孔管件、支架、中铸管、轴承、转盘等，零部件大多来自原沈阳铸造厂，还有少部分是从其他工业城市收集而来，放置在博物馆展厅后面的公共绿地上，既是一种陈列，也有景观的效果和怀念历史的意味。

[1] 许正龙. 雕塑概论［M］. 北京：清华大学出版社，2011：145.

浇铸钢锭用的模具[1]（图2-6），直接放置在展厅外的草坪上，这个八边形中空模具，长约2米，高约1.5米，四条边上有能够捆缚的圆状凸起，共有8个，呈对称排列，边线上有一个长条扶手，这是原沈阳铸造厂遗留下来的。吊钟（图2-7），是铸造厂的老旧工业物件，这件作品是整体搬迁到草坪上，保存得较为完好，外置长方形支架，吊钟和支架上的锈迹斑斑也诉说着悠久的历史。吊钟被重新安置在草坪的一角，已成为观赏品，在吊钟前方特意铺设了四块地砖，整齐地码在那儿，便于观众近距离观看和接触，甚至可以用手敲一敲，感受吊钟的声音。三个叠加在一起的多孔管（图2-8），放置地点是博物馆内原工人大食堂前面的草坪内，管件造型为圆柱体，共分三层，上面有多个起连接作用的圆孔，整个作品呈现出自上而下依次递进并增大的形式特点，具有一种稳定的视觉效果。除了多孔管，还有两个叠加的法兰（图2-9），是将两个法兰贴合、摞在一起，放置在草坪上的作品。

图2-6　浇铸钢锭用的模具

图2-7　吊钟

图2-8　三个叠加的多孔管

图2-9　两个叠加的法兰

[1] 因为此类标识雕塑都没有命名，所以笔者用它们的原件名称来命名并以此区分。

在重型文化广场上也有此类标识雕塑，如输送管线（图2-10），是原重型机械厂的一段输送管线，长约5米，管线下方有四个小管道与之相接并支撑着这个粗重的大铁管，小管道上还保留着阀门。长长的管线如同一个分割线，将停车场与旁边的公共活动区分开。广场角落的两个咬合的齿轮（图2-11），直接钉在地上，一个稍高一个稍低，这也是原重型机械厂遗留下来的。

工业博物馆的小广场上还陈列着一辆老式公交车（图2-12），这是辆老式电车，蓝白条纹，车辆上方还有配套设施——电线，车辆与电线的连接线，也就是俗称的“小辫子”搭在电线上，这种公交车曾经在20世纪90年代行走在沈阳市的中心街道上。克俭公园的绿皮车厢（图2-13）是一件整体保留废弃火车车厢的标识雕塑，放置在靠近公园围墙的一条狭长的公共绿地上，由三节绿皮车厢组成。这三节车厢来自老式的绿皮火车，绿皮火车因墨绿色的外表而得名，是20世纪90年代前一直在中国运营的主要铁路交通工具，因设施不完备，还被人们戏称为“闷罐车”。车厢下方是长长的铁轨，观者可以在车厢旁自由

图2-10　广场边缘的输送管线

图2-11　广场角落的两个咬合的齿轮

图2-12　广场上的老式公交车

图2-13　公园中的绿皮车厢

穿梭，甚至可以进入车厢内随意走动，这已成为沈阳年轻人拍摄婚纱照的取景地之一。在保工北街和塔湾街交会处的环宇城购物中心广场前，有一台翻新的蒸汽机车车头（图2–14），这是台上游型蒸汽机车，是在解放6型蒸汽机车的基础上改进设计而成，最初曾命名为工农型，后改名为“上游型”，有力争上游之意。这款机车1960年面世，1964年批量生产，迄今为止共生产了1769台，足迹遍布祖国大江南北，满足大量厂矿企业的需求，也为国家的地方经济建设做出不可磨灭的贡献。蒸汽火车放置在商场的入口，旁边配有路障和站牌，站牌上写着商场的名称——环宇城站，整个作品好似到站的火车，提醒人们可以下车了，与商场招揽顾客的初衷相呼应，为其带来不少的人气。

还有一部分标识雕塑是利用工业现成物作为雕塑的局部，进而稍加改造完成的作品。如中国工业博物馆以钢包为主体的雕塑（图2–15），在铸造厂里，钢包是最常用的盛钢水的容器，这个作品没有利用钢包原有的配套钢架，而是用砖砌了一个巨大的支架，下方砌了一个长方形的水泥台座，台座上铺着黑色的大理石，钢包被嵌在大理石台座中，略微倾斜。围绕着这件作品还设计了一个水池，水池很浅，夏季在里面盛满水，和钢包的水口相呼应。钢包的锈色和大理石的亮黑色形成对比，周围环绕着绿树，使作品和谐地融入周围的环境中。另外，在博物馆的南面外墙上，还有工业零件焊接而成的装饰浮雕（图2–16），整面墙由直线和曲线零件组合成各种抽象图案，使用的零件有风轮、金属管及连接件、转轮等，其中风轮是突出墙体的，轮片是亮银色，可以随风转动，其他的零件是深灰色，牢牢地焊在外墙上。

图2–14　购物广场前的蒸汽机车车头

图2–15　以钢包为主体的雕塑

图2-16　工业零件焊接而成的装饰浮雕

除了博物馆，沈阳其他公共场所也有由废弃工业器械改造的标识雕塑，例如铁西区卫工河畔立着三件现成品雕塑，都是利用废弃的工业设备、用具改造而成的：沙漏改造的雕塑，主体结构是原沈阳玻璃厂制作玻璃的硼砂沙漏，两个梯形沙漏倒扣在一起，下面加一台座；千斤顶改造的雕塑，台上放置的是原沈阳鼓风机厂的大型油压千斤顶，是当年全国闻名的劳模吴家柱带领工人研发的，千斤顶下部被漆成黄色；钢包改造的雕塑，这三个废弃钢包属于原来沈阳轧钢厂，并列排放，上面还做了艺术性的处理，钢包内红色的材料设计成溢出状，象征着融化的钢水，钢包下方是黄色的波浪状台座。现在这三件雕塑已被迁走。

沈阳商业街区的公共空间中也有这类作品，如沈河区的中街步行街，沈阳春天门口有一个摇臂机床，上面标有“匈牙利进口局管设备”字样。设备台面上垒出一个不规则的砖墙，砖墙上挂着一个牌子，记录了这个废弃工业器械的相关信息，如设备淘自废品市场，把它放置在人来人往的商业街中，是希望更多的人感受到沈阳的工业历史（图2-17）。现在，一些行人会坐在上面小憩，这个曾经非常神秘的“大家伙”现已成为大众可以零距离接触的现成品艺术。

（二）室内置景雕塑

这里的室内指公共建筑的内部空间，具有围合性、人工性等特点，放置在室内空间中的置景雕塑能够起到装饰和美化的作用。“室内置景雕塑一般都是占据了室内空间的中心位置或重要位置，它在室内装饰中的置景效果就更突出了。室内置景雕塑的另一个作用就是

图2-17　机床改造的街区雕塑

运用尺度的形式，融洽室内空间的亲和性，相宜的尺度感，拉近了人对室内空间的亲近感。室内置景雕塑就如人们摆设的艺术陈设品一样，在室内空间给人增添一份视觉乐趣。”[1]在沈阳，由工业制品改造而成的室内置景雕塑主要集中在博物馆和文化创意产业园内，往往具有点睛作用，从造型上可分为单体雕塑、组合雕塑和装饰浮雕。

1. 单体雕塑

单体雕塑是将一个独立的工业现成品直接放置在室内的某个地方。例如直接摆放的废弃巨型轮胎（图2-18），放置的地点是1905文化创意产业园室内，能看到轮胎外圈磨损的痕迹，轮胎侧面上有“陆安轮胎，中国制造，37·00R57”字样，整个轮胎高约2米，倚靠在一处高墙上，可以想象配备这种轮胎的车辆体型多么巨大。轮胎位于产业园内西南角的拐角处，没有直接放置在醒目的位置，在观众不经意走到这儿时，会被这个巨大的轮胎所震撼，为室内空间的景观装饰起到了点睛的作用。

2. 组合雕塑

组合雕塑的创作方式是选取不同的工业零件，根据零件不同的造型特点重新组合加以改造。在中国工业博物馆的展厅内，有一件由齿轮、皮轮等工业零件重新组合而成的大型室内组合雕塑（图2-19）。作品是将一个大

图2-18　室内废弃的轮胎

图2-19　齿轮、皮轮等改造的室内雕塑

[1] 温洋. 公共雕塑［M］. 北京：机械工业出版社，2006：92.

型的齿轮切割成半圆后相互咬合摆放，齿轮是中空的，正中悬吊着两个皮轮（图2–20），直径约为0.5米，曲线的造型与直线外框（建筑墙体）形成强烈对比。在厂房改造的展厅中，这个作品也以巨大的体量冲击着人们的视觉感官。

3. 装饰浮雕

装饰浮雕主要依附于建筑本体上，具有装饰的用途。中国工业博物馆有两处装饰浮雕，一处在铸造馆的大厅入口处，另一处是在由老工厂改造成的展厅内。

图2–20　悬吊的皮轮细节

在老厂房改造的展厅内有一面墙是反映铁西工业发展历程的图片展，主题是“铁流凝变”。在图片下方的台阶上，每间隔一小段距离就粘着单个或者多个成组的齿轮组合（图2–21），共有8组，组合的方式为一个大的齿轮搭配一个小的齿轮（图2–22），或一个大的齿轮搭配三个小的齿轮，或者几个相同的小齿轮，每个组合都不同，各种组合充满变化又风格统一。这些附着在台阶正面的装饰浮雕，与后面展示的主题相呼应，而且圆圆的齿轮具有装饰性的美感。

图2–21　齿轮组成的墙体装饰浮雕

图2–22　大小齿轮搭配

在沈阳的工业现成品雕塑中，室外景观雕塑的数量占大多数，被安放在博物馆、广场公园、商业街区等公共场所，具有较强的景观效果，同时也展现了沈阳的工业历史和工业文化。与室外景观雕塑相对的是室内置景雕塑，这类现成品雕塑通常摆放在室内，是室内环境装饰的一部分。

二、借用现成物造型元素创作的雕塑

现成品雕塑中还有这样一类作品，它们没有直接利用现有工业遗存，而是借用工业遗留物的原有式样进行艺术创作，作品包含了现成物的造型元素，同样洋溢着浓浓的工业文化气息，向人们述说着沈阳的工业历史。由于空间类型的不同，借用现成物造型元素创作而成的现成品雕塑也可分为室外景观雕塑和室内置景雕塑两类。

（一）室外景观雕塑

这类室外景观雕塑均是主题雕塑，包括《铿锵名录》《雪花1933》《印刷乐章》《力量》《速度》等。

《铿锵名录》（图2–23）位于铁西区建设大路东，由一大一小两块长方形铁板拼合而成，上有齿轮作为装饰，锈迹斑斑的铁板与不锈钢金属的横梁和立柱组合成广告宣传栏的造型，横梁上立有“铁西工业文化走廊”几个大字。较大的铁板上面凸刻的是沈阳工业繁荣时期的工厂分布地图，黄白两色搭配出铁西区的地理板块，板块间刻着工厂的名字，这些工厂包括现已迁走和倒闭的大中型工厂，是沈阳工业历史的见证；较小的铁板上凸显的是字号大小不一的工厂厂名，容易辨认的是沈阳电缆厂、沈阳啤酒厂、东北制药厂、变压器厂、拖拉机制造厂以及沈阳机床厂、鼓风机厂、高/低压开关厂等名字，这些工厂曾为中国的工业发展做出巨大的贡献。除了厂名，还有较大的“冶炼”“铸造”字样，这些字体的颜色也是黄白两色。《铿锵名录》的主题是记忆，通过记载地图以及工厂厂名将铁西的这段历史记忆保留下来。《雪花（1933）》（图2–24）位于铁西区建设大路爱工街原沈阳啤酒厂厂址处，反映了沈阳啤酒厂悠久的历史。沈阳啤酒厂是在1933年日本“满洲麦酒株式会社”的基础上发展起来的，1949年正式定名为沈阳啤酒厂，1957年改名为雪花啤

图2-23 《铿锵名录》

图2-24 《雪花（1933）》

酒厂，1994年成为股份制公司，至今仍是沈阳的知名企业。《雪花（1933）》是一块高2米的长方形铁板，呈锈色，中间为倾斜的等比例放大经典的雪花啤酒瓶造型的镂空，四周还刻着几个时间，是啤酒厂从创立至今经历的重要时间点，记载了这个全国闻名老酒厂的历史。《印刷乐章》（图2-25）位于铁西区建设大路景星街原沈阳新华印刷厂前方，雕塑上部为倾斜的铅字组合，下部由印刷机滚筒及飘动的纸张构成，底部为大理石贴面台座，表达了通过灵动跳跃的铅字、飞速运转的印刷机所带来的阵阵轰鸣，奏响铁西工业文化的优美乐章。该作品借用原印刷厂铅字和滚筒造型，将之成倍扩大，具有强烈的视觉效果，置于老厂旁边用以纪念老厂的历史。《力量》（图2-26）位于兴华街与建设中路交叉路口处的铁西广场，是交通要道，设有地铁一号线铁西广场站。该作品的设计者为伊华丰，设计单位是铁西区政府和沈阳建筑大学，2011年竣工，高21米，重110吨。《力量》借用工厂中常见的吊钩的造型，并将其放至巨大，体现出浓重的工业色彩。吊钩上下保留部分缆绳结构，似乎正在作业中，下方是圆形的两级递进状水泥台阶台座。作品传达出工人、工业的力量。《速度》（图2-27）位于铁西区建设大路与肇工南街交汇处，采用遗留下来的铸造用工业齿轮进行创作，将样式不同、大小不一的齿轮成组排列，再配之以行云状的白钢，齿轮和白钢组合，产生不断转动的效果，如同滚滚向前的车轮，体现了时代飞速发展的主题。

上述五件作品整体或部分借用工业现成物的造型元素，将工业内容展现给

图2-25 《印刷乐章》

图2-26 《力量》

图2-27 《速度》

大众，同样体现出纪念的功能和意义。《铿锵名录》利用了铁板和齿轮，通过记录铁西区的工厂分布图和大中型工厂的厂名，追忆了沈阳铁西区作为全国闻名重工业区的辉煌；《雪花（1933）》借用雪花啤酒玻璃瓶的形象纪念了这个有着70多年历史的老厂的发展历程；《印刷乐章》借用铅字、滚筒造型纪念了曾经的中国四大印刷厂之一——新华印刷厂；《力量》借用了工业吊钩、缆绳的造型，并以其巨大的体量，展现了巨大的工业力量和积极向上的工业精神；《速度》利用了几个大小、样式不同的齿轮，表达了对铁西区未来飞速发展的展望，是对沈阳腾飞这个主题的进一步升华。

（二）室内置景雕塑

室内置景雕塑包含了借用工业现成品元素的创意雕塑和浮雕作品，它们的功能主要是装饰室内空间。

在1905文化创意产业园内，有一种创意改造的小型组合雕塑（图2-28），这种雕塑作为一种增强室内景观功能的物品摆件被放置在墙边，所利用的材料为铁管、接头、三通、阀门等，组合成各种各样全新的造型（图2-29）再焊接起来，并于接口处安装灯泡及灯座，内置电线，连接电源，具有照明的功能。但是这些作品并不是灯具的样品展示，而是带有实用功能的创

图2-28　创意组合雕塑

图2-29　单个雕塑

意小雕塑，在室内更多的是装饰景观的作用，配合着后面的砖墙，呈现出一种崭新的视觉美感（图2-30）。

1905文化创意产业园内的异形雕塑（图2-31）也属于创意雕塑。它是用各种零件组合成科幻片中异形的造型，所用材料全部是废弃的零部件，通过焊接重新组装完成。异形雕塑契合了文化创意产业园的建造宗旨和总体设计风格，与室内环境和谐统一，也是环境中的亮点，具有吸人眼球的视觉效果。

图2-30　创意雕塑的视觉效果

图2-31　异形雕塑

铸造馆的大厅入口有两堵墙，如同微微开启的“大门”（图2-32），“大门”上镶嵌着各种各样的工业零部件（图2-33、图2-34），其中齿轮、扳手的形象明显可辨。这些小零件和墙面一起被喷成褐色，这种色调呈现出一种历史的沉重感。零件造型有圆有方，叠加或水平排列，组合成墙面装饰，置于展厅的入口处，作为展示沈阳工业历史的前奏。

在沈阳，由工业现成品改造而成的室内置景雕塑样式不多，且多集中在中国工业博物馆和1905文化创意产业园内，材料多为废弃的工业制品、零部件等。这些工业废弃品经过简单的加工和改造，被放置在室内公共空间中，既具有景观装饰的功能，又为室内空间的装点起到画龙点睛的作用。

无论是室外景观雕塑还是室内置景雕塑，这些改造而成的现成品雕塑在传达工业信息的同时装点了城市的公共空间，是城市景观中一道靓丽的风景线，使城市的人文环境更具特色。

图2-32　展厅入口处的浮雕

图2-33　右侧浮雕细节

图2-34　左侧浮雕细节

第二节　工业内容的现成品公共设施

各国对公共设施的称呼并不相同，公共设施最早的称呼来自英国，为Street Furniture，直译为街道家具，简称为SF。类似的词汇还有Urban

Furniture，译为城市家具。其他欧洲国家也有称Urban Element的，直译为城市元素。在法国和德国，用公产公物等相关概念来包含公共设施；在日本也称为“街具”。

在中国，行政学上的公共设施是指国家或公共团体提供的、用于公共目的的设施的综合体。城市公共设施“是指在城市公共环境或街道社区中卫人们活动提供有一定质量保障的各种公用服务系统以及相应的识别系统，是城市空间中统筹规划的具有多项功能的共享设施。”[1]公共设施由政府或其他社会组织提供，属于社会公众使用或享用的公共设备，“按经济学的说法，公共设施是政府提供的公共产品。从社会学来讲，公共设施是满足人们公共需求（如便利、安全、参与）和公共空间选择的设施，如公共行政设施、公共信息设施、公共卫生设施、公共体育设施、公共文化设施、公共交通设施、公共教育设施、公共绿化设施、公共屋等。”[2]由此可以总结出公共设施应具备的三个主要特征：安放地点是公共空间；满足人们的公共需求；是社会的公共产品。公共设施的范围很广，“具体地说可以包括城市污水处理、城市道路、城市桥梁、港口、市政设施抢险维修、城市广场、城市路灯、路标路牌、城市防空、城市绿化、风景名胜区、公园等。而与普通百姓生活最为密切的社区公共设施主要是由区域性公共设施、邻里性公共设施组成。”[3]

具有美感体验的公共设施是城市景观中不可或缺的元素，“比起单纯地把作品放置在户外，有一种方法可以让作品有更具活力的发展，那就是将艺术创作与公共设施结合起来。通过这种方法，可以有效地在当地留下永久性艺术作品。”[4]有人甚至将公共设施称为实用的情感雕塑。在沈阳，公共设施中也会见到现成品的身影，现成品公共设施与现成品雕塑在创作类型上相同，包括直接利用现成品改造和借用现成品造型元素创作两种类型。

---

[1] 彭军，高颖. 城市公共设施设计与表现［M］. 天津：天津大学出版社，2016：4.

[2] 张婷，苗广娜. 公共设施造型开发设计［M］. 南京：东南大学出版社，2014：1.

[3] 都伟. 公共设施［M］. 北京：机械工业出版社，2007：2.

[4] 北川富朗. 乡土再造之力：大地艺术节的10种创想［M］. 欧小林，译. 北京：清华大学出版社，2015：122.

一、直接利用现成品改造而成的公共设施

这类作品将工业现成品直接作为公共设施设计的一部分，既实用又美观，还包含了城市的记忆。沈阳的现成品公共设施不仅包含了安放在广场、公共绿地、社区商业街道、社区空间中的室外公共设施，还包含放置在博物馆、文化创意产业园等公共建筑内部的室内公共设施，其中室外公共设施在数量上占绝大多数。

（一）室外公共设施

室外公共设施又被称为城市家具（Urban Furniture）[1]，城市家具之所以被称为“家具”，是因为它蕴含了人们对城市生活的憧憬，户外场所能像家一样方便舒适，让人倍感亲切，使冰冷的设施变得温馨。城市家具这一名称大约于20世纪60年代在欧洲出现。“在我国，城市家具是指一切在城市中的景观小品和公共场所的配套设施等。城市家具在城市户外空间（包括室内到室外的过渡空间）中以完善城市的使用功能、满足公共环境中人们的需求为目的，承担着休憩、信息引导、美化环境和服务的功能。城市家具不仅为人们的社会生活提供了便利，而且以其特有方式促进社会行为的发生，为外部空间赋予了积极的内容和意义，丰富和提高了城市景观的品质，为城市空间带来无限魅力。”[2]

在我国，城市家具可分为以下七类：“信息系统，包括视觉导向、橱窗、户外广告、街区地图等；交通系统，包括公共汽车站、城市地铁、街桥、自行车停放设施等；卫生系统，包括垃圾箱、烟灰皿、公共厕所、饮水机、洗手器等；照明系统，包括道路照明、装饰照明等；公共休闲系统，包括电话亭、休息座椅、儿童娱乐设施、公共时钟、通风口、邮箱等；景观系统，包括水池、人工湖、瀑布、喷泉、雕塑、绿化等；无障碍系统，包括通

[1]“城市家具”是指城市中各种户外环境设施，具体来说，就是信息设施（指路标志、电话亭、邮箱），卫生设施（垃圾箱、饮水器），道路照明，安全设施，娱乐服务设施（坐具、桌子、游乐器械、售货亭），交通设施（巴士站点、车棚）以及艺术景观设施（雕塑、艺术小品）等。

[2] 任仲泉，卢晓梦．城市空间家具设计［M］．济南：济南出版社，2014：2.

道、专用国际标志、专用停车场、坡道、公厕、休息场所等。”[1]

在沈阳，直接使用工业现成物改造而成的城市家具主要集中在信息系统、交通系统、卫生系统、公共休闲系统和景观系统五个类别中，具体包括视觉导向设施、路障、拦车杆、垃圾箱、休息座椅、娱乐设施、广场和社区的景观小品等，这些城市家具既具备实用功能又具有一定的审美价值。

1. 信息类设施

在中国工业博物馆的公共绿地上，就有具有视觉导向功能的城市家具。如中国工业博物馆的导视牌（图2–35），外框支架是利用工厂遗留的几节交叉的铁管焊接而成，具有稳定感，管子的最高处有圆锥形的盖子，粗壮的管子上的明显锈迹诉说着它的历史，也从侧面展现了工业博物馆的主题。中间的导视牌上印着博物馆各场馆的地理位置分布图，具有标识和引导的作用。

图2–35　交叉铁管改造的导视牌

2. 交通类设施

路障、拦车杆等属于交通类城市家具，由工业现成物改造而成的此类设施主要集中在铁西区的重型文化广场，这与重型文化广场的历史有关。重型文化广场建在原沈阳重型机械厂厂址之上，原厂搬迁后保留一个车间改造成1905文化创意产业园，而遗留下来的大量工业零部件就地改造成与广场有关的各种功能的公共设施。广场的东边安放着由车床中心支架、轮轴、齿轮改造而成的路障（图2–36、图2–37），这种路障的设置是为了阻挡机动车辆进入，这两处路障的设计是将较大型的轮轴、齿轮等工业零件钉入地面，再涂上鲜艳的黄色、红色，起到醒目并警示的作用。拦车杆也是交通系统中的一种城市家具，1905文化创意产业园广场前方的停车场与绿化带相交的

[1] 任仲泉，卢晓梦. 城市空间家具设计［M］. 济南：济南出版社，2014：12.

地方，安放着工业管道改造而成的拦车杆（图2–38），该设计是在地面钉放3个三通管道，中间贯穿一根钢管，三通管道向上的管口被封盖，整体漆成黄色，很醒目，以提醒司机倒车时注意距离。此处设施因2019年地铁施工被迁走。

3. 卫生类设施

果皮箱属于公共卫生系统中的城市家具，是城市环境中不可缺少的公共设施。重型文化广场绿化带的边上摆放着一个由三通管改造而成的果皮箱（图2–39），向上的管口封盖被切开一个圆洞，内置一个筒状容器，用来容纳垃圾，外表被漆成黄色，上面贴有果皮箱字样的铁片，现已搬走。

4. 公共休闲类设施

休闲座椅是最常见的城市家具之一，作为具有休憩功能的设施，椅面一般高于地面0.5米以上。按照使用人数，座椅可分为单人椅，2、3人椅，多

图2–36　车床中心支架改造的路障

图2–37　轮轴、齿轮改造的路障

图2–38　管道改造的拦车杆

图2–39　管道改造的果皮箱

人椅等；从设计方式上可分为有背座椅和无背座椅；从安置方式上可分为平置式、镶嵌式座椅。在重型文化广场的东侧，临近南北大处，有一个由旧机床改造而成的长椅（图2–40）。它是将旧机床刷成醒目的黄绿二色，在机床边缘钉上几排细木条，木条分为三组，每组可承载2、3人。利用废弃的机床做椅子的主体，稍加几片木条，既节省材料又风格独特。机床是原重型机械厂遗留下来的，如今机械厂车间已经改建成1905文化创意产业园，而工厂内部的旧工业零部件也被就地取材，运用到广场的公共设施建设中来。另外，在产业园前方的广场，还有用锅炉盖改造而成的圈椅（图2–41），锅炉盖的外圈嵌上木条组成的椅面，圈椅中心可以种植树木，可以想象等到树木长得郁郁葱葱时在树下乘凉的快意。广场往西，在万达商场6号入口旁的商铺门面前，有两条用输送管道加管阀改造的休闲长椅（图2–42），管道表面经过重新刷漆抛光后呈现出古铜色泽，与走廊鲜艳明快的整体色调形成对比，更显其古朴与庄重。金属的材质决定了它坚固耐用的特点，虽成本低廉，却引来不少行人驻足、体验，可惜的是现已迁走。

娱乐性质的城市家具主要包括为大众提供游戏与健身所用的各种器械，在铁西重型文化广场西侧就矗立着用工业管道改装的秋千（图2–43），以老管道作为秋千的框架，重组焊接并刷上醒目的黄漆，简单却实用。另外，在秋千的旁边，有用工业轮轴和齿轮改造的跷跷板（图2–44），在直径约1米的工业齿轮外端钉一条木板，木板两边配上钢质扶手，一个造型独特的跷跷板引来不少大人孩子玩耍嬉戏，压动木板使齿轮的中轴来回地运动，非常有

图2–40　机床改造的长椅

图2–41　锅炉盖改造的圈椅

图2-42　管道加管阀改造的长椅

图2-43　管道改造的秋千

图2-44　轮轴、齿轮改造的跷跷板

图2-45　油桶、枕木改造的儿童滑梯

趣。广场的南端，有一座儿童滑梯（图2–45），这座滑梯与一般社区游乐场的滑梯不同，它的主架是用废弃工业油桶堆叠而成，四周再以枕木固定，枕木上可以清晰地看到密集老旧的钉孔的痕迹，工业油桶是规格为200升的标准铁质油桶（高1.2米，直径0.8米），非常结实耐用，被刷成鲜艳的蓝色后，成组堆叠，再焊在一起，即构成滑梯的主体。滑道的设计也非常巧妙，是将铁桶切割一半再包上边缘，钉在枕木和油桶上的扶梯粉刷成黄色，总体感觉既美观又不失厚重。

5. 景观类设施

城市的公共场所自然少不了可以美化环境的景观小品[1]，这也是一座城市精神面貌的体现。1905文化创意产业园的前方广场移栽了一些树木，这些树木外围有用废弃的工业锅炉盖改造的护栏支架（图2-46）。锅炉盖内圈很大，可以在保护树木不受侵害的同时留给树木较大的生长空间，外圈则是用木条拼成的座椅，景观加休憩于一体，是一个非常有特色的作品。在重型文化广场东边有轨道运输车改造的景观小品（图2-47）。轨道运输车是旧工厂机器拆卸下来的零件，车体被漆成黄色，上面用木条拼成一个围挡，里面种植着小型花卉，远看如同一辆运花的小推车。在广场的西边有钢包改造的花钵（图2-48），钢包里培土，顶端种植着景观花卉，人工加上天然，好似一座生态景观雕塑。除了广场，在社区也有此类景观小品，如位于浑南新区金阳街58号的沈阳万科新榆公馆内就有一处景观小品，这是一段横跨小区几十米长的铁轨，是在小区兴建时特意保留下来的，现作为小区景观的装饰性小品（图2-49）。无论是广场还是社区内的景观小品，都将沈阳的工业文化特质展现得淋漓尽致。

图2-46 炉盖改造的护栏

图2-47 轨道车改造的景观小品

[1] 景观小品是指既有功能要求，又具有点缀、装饰和美化作用的，从属于某一建筑空间环境的小体量建筑，是游憩观赏设施和指示性标志物等的统称，它包括休息小品、装饰性小品、照明小品、服务性小品，本节提到的小品即为其中的装饰性小品和服务性小品。

图2-48　钢包改造的花钵

图2-49　铁轨改造的景观小品

城市家具是连接人与城市之间的纽带。“城市家具设计的着眼点在于研究城市外部空间、城市环境、现代人三者之间的关系，其具体的探求对象为空间、行为及设施要素组成的行为场所。如：绿荫下的几张座椅，汽车站牌与电话亭。甚至是一组社区的指示牌。这些虽然不如标志性建筑那么引人注目，但对于城市的居住者和使用者来说却具有更加实际的意义——它们能随时为人们交流与互动提供空间，给人以休息、活动、观赏之满足。”[1]

（二）室内公共设施

除了室外家具，在沈阳的公共建筑内部空间也摆放着一些由工业制品、零部件改造而成的公共设施，为人们提供诸如休息、指示的作用。沈阳室内的现成品公共设施主要集中在中国工业博物馆和1905文化创意产业园内，这些公共设施根据功能可划分为指示设施、景观设施和休闲设施三类：指示设施包括区域导视牌、广告牌及警示牌；景观设施主要为花架；休闲设施包括为人们提供休息的公共桌椅。

1．指示设施

1905文化创意产业园是由老厂车间改造而成，所以建筑内部仍保留了原

[1] 任仲泉，卢晓梦．城市空间家具设计［M］．济南：济南出版社，2014：12.

车间的框架结构以及一些大型设备。如过道上方有一处行吊[1]被保留下来，并在横梁的栏杆处悬挂着导视牌（图2-50），导视牌上有箭头、简易图画和文字，白底黑字，清晰展示出不同区域的步梯、电梯、卫生间的方向位置。另一处轨道车的栏杆上悬挂着广告牌（图2-51），是为产业园二楼中心位置一处大型店铺做广告，广告牌嵌在一块长方形木板上，橙黄色背景衬托出黑色的大字。横梁和轨道车都被漆成黄色，与室内钢铁框架的深灰色形成强烈的对比。

图2-50　行吊上的导视牌

图2-51　轨道上的广告牌

2．景观设施

在深入店铺中的一处行吊的横梁上摆放了多盆景观植物，打造成一个钢铁结构的花架（图2-52），绿色植物与黄色的横梁相搭配，给人一种视觉上的暖意。在产业园一楼北向的一个走廊内，靠墙摆放着由工业管道和铸铁件打造成的禁烟警示牌（图2-53），共有3个，其中2个是禁止烟火的警示牌，1个是禁止吸烟的警示牌，图案上燃烧的火柴、香烟和鲜红的斜线非常醒目，现在仍发挥着它的警示作用。

3．休闲设施

在中国工业博物馆内由老车间改造而成的展厅角落，安放着供人休息小

[1] 行吊，又称行车、吊车、龙门吊、天车，都是人们对起重机的一个笼统的叫法，行吊和我们所称的门式起重机、桥式起重机基本一样。

图2-52　行吊改造的花架

图2-53　老式警示牌

憩的桌椅，有配套的一桌两椅，也有单独的桌子和椅子。这里的椅子非常有特色，单椅（图2-54）是用弹簧连接皮轮，或上下连接两个皮轮，皮轮上镶嵌着一块圆形玻璃，仅供1人坐（图2-55）。在一处室内雕塑旁边，安放着一个2、3人椅（图2-56），下方仍以弹簧作为支撑，上面是木板拼接的狭长的椅面。另外，还有配套的一桌两椅（图2-57），桌子是一个巨大的轮轴齿轮的组合体，齿轮在下方起到稳定的作用，轮轴的面成了桌面，两边的座椅是配重用的长方体大铁块，上有把手，整体给人厚重敦实之感，坐上去有些冰冷。虽然这件作品的实用性不够强，但还是可以为游客提供休息、放置物品的地方。

室内公共设施放置于公共建筑的内部空间，能够为人们提供休息之所，

图2-54　皮轮改造的座椅

图2-55　单人座椅

图2-56　弹簧改造的2、3人座椅

图2-57　轮轴、铁块改造的桌椅

又起到提示、景观的作用。沈阳的中国工业博物馆和1905文化创意产业园中就有这类公共设施，因为取材方便并且可以因地制宜对工业遗留物进行再利用，既可以降低成本还可以装点室内环境，突出建筑室内的主题和个性。而改造的手段包括整体保留和部分保留：一些完整保留的废弃工业制品稍加修饰后放置在室内公共空间中，起到满足公众使用和室内装点的作用；还有一些废弃的机器选取部分保留，通过发挥想象力将其打造成具有全新使用功能的公共设施。

二、借用现成品造型元素创作的公共设施

借用工业现成品造型元素创作完成的公共设施主要集中在城市家具这个领域。

在重型文化广场的北面和西北角两处安放着螺栓造型的路障（图2-58），螺栓是通过旋转和摩擦力循序渐进地紧固器物机件的工具，此处用螺栓造型的路障来阻碍机动车、电瓶车等车辆进入广场。每个螺栓高0.5米（图2-59），底部套有垫片，垫片上打孔后用钉子将其牢牢钉入地面。重型文化广场的北入口是主入口，螺栓造型的路障共有6个，呈直线排列，通过路障就能步行进入广场的中心，近距离观赏沈阳最大的活动雕塑——《持钎人》。西北口是个出口，这里立着2个螺栓造型的路障，可通过这个出口步行至旁边的商业街区。地铁建设施工后，这些螺栓造型路障改为弹簧造型的路障。螺栓造型在沈阳的公共空间中十分常见，在金街步行街一些拐角及角落，有螺栓造

型的单个座椅（图2-60）及成组座椅（图2-61），座椅上面用金漆做成肌理效果，螺栓的钉头部分正好容纳一个人小憩。螺栓和垫片是最常见的基础工业零件，二者的组合随处可见，但是作为椅子来用，功能得到转换，并且给人们眼前一亮的感觉，4个螺栓还可以组合成长椅，游客在休息的同时欣赏到两边的店铺橱窗设计。

图2-58　螺栓改造的路障

图2-59　单个路障

图2-60　螺栓改造的单椅

图2-61　成组的螺栓座椅

小结

沈阳的工业现成品艺术介入城市的公共空间中主要体现在现成品雕塑和现成品公共设施两大领域。无论是雕塑还是公共设施，无外乎两种创作类型，一类是直接利用现成品改造而成；一类是借用现成品的造型元素创作而成。在具体类别的划分上，从建筑内外空间上可以将现成品雕塑划分为室外景观雕塑和室内置景雕塑两大类，诸多的工业现成品雕塑中，室外景观雕塑占多数。室外景观雕塑的放置地点是在城市的公共空间，所以也是城市雕塑，作为人文景观的一种已经成为城市公共环境中不可或缺的一部分，能够用于城市的装饰和美化，也能够丰富城市居民的精神享受，彰显城市的内涵与文化。沈阳室内置景雕塑多放置在1905文化创意产业园和中国工业博物馆的室内空间，正如其名，以置景为主，强调作品的装饰、点缀的意义。较之现成品雕塑，现成品公共设施具有较强的实用价值，公共设施是一种便民的公共基础建设，能从一个侧面反映城市的物质生活和精神生活特征。沈阳的现成品公共设施在空间类型上分为室外和室内公共设施两类，室外公共设施的数量较多，具有实用性的同时兼具美观性，起到装点城市公共空间的作用，引导人们重新审视周围的事物并思考这些事物存在的意义。而室内公共设施则集中在中国工业博物馆和1905文化创意产业园内，具体包括区域导视牌、广告牌、警示牌、花架、休闲桌椅等，意在为观众提供各种便利服务，鲜明的工业风格给人留下了深刻的印象。总而言之，现成品雕塑或现成品公共设施都谋求“人—物—环境”系统的和谐统一，这些现成品艺术正逐渐成为沈阳具有显性特征和独特魅力的文化符号，促进城市意象的整体建构，让人们直接触碰、体验到沈阳这座城市核心的精神和文化气质。

第三章 工业现成品艺术的创作手法

沈阳作为历史悠久的老工业城市，在工业遗存的资源上拥有无可比拟的优势，如今沈阳正逐渐利用这种资源优势进行艺术再造，工业现成品艺术就是改造的成果，它运用诸多艺术手段将现成品进行重新改造并让其发挥新的功能。大部分工业现成品艺术的归属单位是政府，由政府部门主持、专业人员设计，放置在城市的公共场所。还有一小部分作品为私有单位拥有，经过稍加改造后摆放在商业地点。改造后的现成品艺术遵循一定的视觉艺术规律，总体而言，沈阳工业现成品艺术的改造方式包括三种：整体利用、部分改造和借用。

第一节　整体利用

在沈阳，有一部分工业现成品艺术整体利用各种废弃的工业设备、器械以及零部件，进一步采用了并置、堆叠、重置的艺术手法进行改造，在视觉上为人们带来全新的审美感受。

（一）并置

并置是一种构成的状态，顾名思义，就是将两个或两个以上同类的视觉形象以并列的方式有机组合在一起，在视觉画面中构成统一的空间关系。在三维空间中利用多个相同元素进行单一方向或双重方向的组合，可以改变单体元素的形态，以达到重复、渐变与对比的形式美感。沈阳的工业现成品艺术在排列式样上包括成对并置和多个并置两种方式，在艺术手法上运用了对称并置、直线并置以及非直线并置。

成对并置的现成品艺术：两个工业轮轴的并列排放（图3–1），该作品位于中国工业博物馆的公共绿地上，像放在地上的两个杠铃，上面的锈色诉说着它的历史，围绕着人行路就可以近距离看到它们；重型文化广场地面上的两个齿轮（图3–2），两个齿轮大小一致，固定在广场的地砖上；北一路金街步行街上的两个钢管长椅（图3–3），处于街道的正中位置，中间隔着一小段距离，遥遥相望。这三件作品有个共同点，就是直线排列，左右对称。对称式构图是指画面中两部分景物，以某一根线为轴，在大小、形状、距离和排列等方面相互平衡，是一种对等的构图形式，通常表现视觉对象上下（左右）对称的画面，各部分间呈现出等量等形的组合形式，给人以端庄、稳重、秩序、平和的美感。上述作品均为成对并置，现成品位于轴线的两边，两边的视觉形象对应、等同，从而造成了一种视觉美感样式。虽然作品都是对等的视觉形象，但其中稍有变化：例如重型文化广场的两个齿轮在高度上略微有所变化，高低的错落造成一种视觉差；北一路金街的两个钢管长椅虽然是对称的平行排列，但是三个支管的安放位置有所不同，东向长椅朝南有两个较细的支管，朝北则是一个支管，而西向长椅正好与之相反，朝南一个支管，朝北两个支管，平行对等中又蕴含变化，这种组合方式符合艺术中的均衡法则。均衡是指位于中轴线两侧的形体在布局上出现了等量却不等形的情况，即双方的外形不同，而在大小、虚实、轻重、粗细等分量上大体相当，这种视觉上均衡会带来心理上的稳定感。

图3-1　成对并置的轮轴

图3-2　成对并置的齿轮

图3-3　成对并置的钢管长椅

非直线排列的并置方式如三件位于中国工业博物馆的公共绿地上的作品，这三件作品中的个体数量均为奇数：三个巨大的铁罐呈锐角三角形排列（图3-4）；三个交叉铁管沿着折线形的砖路呈钝角三角形排列（图3-5）；五个立着的工业铸件等高（图3-6），结构为下半部分铁皮罐，上半部分支架，位于中间的铸件之所以在视觉上看似最高，因为它下方的铁皮罐高度超过其他四个，另外四个铸件围绕在它周围呈不规则排列。上述作品中，铁罐和铁管的排列方式为规则三角形，工业铸件的排列方式为不规则形排列，它们都属于非直线排列方式。非直线排列的并置是指构成元素之间的关系属于上下、左右、前后等，它们并不相交，也不互相遮挡，而是从互相对照的相关性作用中，增强或减弱固有性格，形成一种新的视觉效果，统一中又富于变化。例如不规则排列的五个工业铸件，中间铸件的底座高于周围四个，在视觉上形成了一定的韵律感。韵律也是自然和生活中普遍存在的一种美感形式，正如德国作家约翰·沃尔夫冈·冯·歌德（Johann Wolfgang Von Goethe）所言："美丽属于韵律"，它就像音乐中的旋律，不仅有节奏，更有情调，它能增强作品的感染力，引发观者的共鸣。

图3-4　锐角三角形排列的铁罐

图3-5　钝角三角形排列的铁管

图3-6　不规则排列铸件

并置是视觉空间上纯粹的位置关系的构成，在三维空间中合理控制单一元素的数量，重复出现的单元使整体富于秩序的美感。个体的不断重复造成视觉上的不断加强，这是艺术中的重复法则。重复是指在构成中，同一形象以类同的方式多次出现，是一种非常常见的视觉形式，也是很多自然物、人造物的存在方式，而且工业化大批量生产、标准化的流水线作业势必强化重复的形式。艺术史上很多艺术家热衷采用重复的艺术手法，例如波普艺术家安迪·沃霍尔（Andy Warhol）完成于1962年的丝网印刷作品——玛丽莲·梦露系列（Marilyn Monroes）就重复使用梦露的头像，再现了复制时代的特点。沃霍尔的作品中最为明显的特征就是机器生产式的复制，完全相同的主题元素或者不同色相的主题元素在同一个作品中不断重复出现。而沈阳现成品艺术中工业零部件的反复出现使其主题和功能愈加突出，通过形体的规律性反复，给人以整齐一律的视觉感受，并形成极强的安定性、秩序感和整体感。整齐一律的形式美虽然可以让人感受到单纯、明快和整齐，但是缺少变化，也容易引起平淡、单调、刻板、呆滞的感觉。并置手法的运用为大众重新认识沈阳工业历史及特点开启了一个新视角。

（二）堆叠

堆叠的组合方式往往是将相同或相似的物件叠合堆放在一起，这样的作品放置在新的空间中会产生全新的视觉效果。下述三件中国工业博物馆的现成品艺术，均采用了堆叠的艺术手法。

在博物馆的公共绿地上，两个完全一样的工业用法兰整齐地码放在一起（图3-7），呈圆柱体，表现出整齐的美，是一种单一的、纯净的、重复的美，给人以稳定的秩序感；三个多孔管竖向叠放在一起（图3-8），这三个多孔管的大小及孔数都不相同，体积从上至下逐渐增大，具有渐变的韵律感。渐变韵律是指重复出现的组合要素在某一方面有规律地逐渐变化，如在体量的高低、大小、长短、宽窄，构图的疏密，色彩的冷暖、浓淡等方面，作有规律的增减所形成的韵律感。这件作品由下而上逐渐收缩，就具有渐变韵律的特点，三层堆叠具有稳定的视觉效果，而且在叠放时注意摆放角度，每一层孔眼的朝向都有所变化，适宜多角度观赏；堆叠的轴承（图3-9），共有五层，轴承的最下方是一个方形的工业零件，上有圆盘，如同台座，圆

图3-7　两个堆叠的法兰

图3-8　三个多孔管

图3-9　五层堆叠的轴承

图3-10　三层铁皮集装箱

盘上水平摆放着四个轴承，在这四个轴承相接的中心处竖向码放四层轴承，具有一种连续的韵律感。连续韵律是指一种或几种视觉要素的连续运用，以及有条理的连续排列所产生的韵律感，受这种韵律感的影响，冰冷的工业零件也呈现出生动的视觉效果。在和平区的11号院中，有三层堆叠的铁皮集装箱（图3-10），与右方的建筑连为一体，分属于不同的商家，箱内空间被改造，从外观上看，一层的集装箱与三层等大，东面的铁皮被切下并镶上玻璃，玻璃外面又安插一些竹竿，起到部分遮挡的作用；二层的集装箱较小，被漆成橙黄色，最右处镶上长方形玻璃；三层集装箱漆成黑色，最左处镶上玻璃，大小、样式均与二层相同，但是位置确是相对的。每一层的集装箱都经过略微的改装，堆叠在一起整体风格却和谐统一。

在沈阳，堆叠的现成品多为结构相同或相近的，这些现成品通过整齐地码放堆叠出一定的高度并营造出视觉上重复的美感，这与并置带来的不断重复的视觉感受一样。运用堆叠手法进行艺术创作的流派有法国新现实主义，该流派倾向于将有区别的“现成品”进行叠加和积累，其中最具代表性的人物是阿尔芒·费尔南德（Armand Fernandez），他以切割物件后再堆积组合为创作方式，蒙特斯堡展出的18 米高的《长期停车场》（Long Term Parking）是他的代表作。该作品是以 2000 吨混凝土将60 辆汽车固定住的纪念性雕塑。此外，各种各样的鞋子等生活消费品都可成为他堆积的主题。艺术对重复的倚重，体现出对审美主体心理的有效顺应和补偿，因而也是人类经验积累和文化承传的重要手段。多次展现的形象会在人的心里留下深刻印象，并形成有规律的节奏感。沈阳的工业现成品艺术采用这种艺术手法使视觉形象呈现和谐且富于节奏变化的视觉效果，有利于加深观众对沈阳工业形象的记忆。

（三）重置

重置这个词在计算机领域应用得较多，常用来指程序的重新设置，笔者在这里借用了这个词，是用来形容那些将现成品重新放置在新的空间环境中，并带来全新视觉感受的一种创作方式。在沈阳，采用这种方式创作的工业现成品艺术通常是将现成品重新放置在公园、广场、街道、社区等新的公共场所中。

在皇姑区克俭公园内的草坪上摆放着三节绿皮车厢（图3-11），色调上与周围的绿化树木十分和谐，车厢位于成排的白杨树和松树之间，外围的白杨树很高大，像一道保护屏障，松树均是矮株松树，靠近步行路的路边，中间是绿色的车厢，在视觉上形成一种绿色带从高向低逐渐下降的秩序感。克俭公园于2010年修建完成并对外开放，占地面积大约10公顷，是集休闲、娱乐于一体的公园，铁轨的安置也与旁边的公园环绕道路平行，绿皮车厢由于没有维护，表面的漆已经脱落了，反而呈现出一种历史的斑驳感。铁轨和车厢被放置在公园这样的公共空间中，是一种重置，营造出一种新的空间氛围，在这个氛围中，既有新建园区的时代风貌，又具有历史的记忆与情怀，废弃的车厢和铁轨被时光洗礼，虽已斑驳，却彰显出城市的文化特色，吸引不少市民的驻足、拍照，甚至进入车厢内部深入感受，相比令人产生距离感

图3-11　公园中的绿皮车厢

图3-12　商场前的蒸汽机车车头

的前卫雕塑，这样的现成品艺术更容易引起大众的关注。同样，环宇购物中心广场前的一台蒸汽机车车头（图3-12）也采用了重置的艺术手段。蒸汽机车的车头与车轨重新置入的场所——大型商业中心的广场，还特别配备了站牌和栏杆，站牌上的名称是该商场的名称，所以这件作品给人一种时空的交错感，随着火车的到站仿佛把人们的思绪由过去带入当下。蒸汽火车是时代的产物，现已退出历史舞台，但是这么一件陈旧的家伙被放置在商场建筑群这样非常现代化的空间中时，黢黑的火车与周围明亮的建筑外墙形成鲜明对比，使得该作品的视觉效果十分震撼，也具有历史记忆的传达功能。上述两件作品将绿皮车厢和蒸汽机车车头重新置入公园、广场这样的公共空间中，成为全新的城市景观雕塑，并且与沈阳的城市历史联系密切。此外，还有作为地面装饰的现成品艺术也运用了重置的艺术手段。

浑南新区万科新榆公馆小区内有一段铁轨改造的景观小品。铁轨从小区外延伸至小区内的主干路上，小区外的铁轨架设在一处人工水池上（图3-13），两旁是景观植物，小区内部的铁轨则嵌入地面（图3-14），上面

图3-13　小区外铁轨改造成的景观小品

图3-14　小区内铁轨改造成的景观小品

安放了栽有景观植物的轨道车。该小区楼体的总色调是红褐色，铁轨的铁锈色正好与楼房的色调和谐统一。铁轨让人不自觉地联想到铁路、火车，而这段铁轨被置入百姓日常生活的空间，从而发生功能上的转变，成为具有历史价值和记忆功能的景观小品。大东区小北关街202号巷，在方圆大厦与中韩大厦中间的广场地面嵌入了一个齿轮（图3-15），这块地砖被切割成齿轮的轮廓，用水泥将齿轮牢牢地镶嵌在其中，齿轮的高度与地砖持平，不影响路面的平整度，行人经过它时，或驻足观赏一下，或直接踩踏过去，它已然融入人们的日常生活中，成为这个城市的一部分。以上两件作品都属于地面装饰，虽然视觉效果不如上述景观雕塑明显，但是通过重置的手段，使其在新的环境下产生了更大的价值，将艺术更好地融入城市公共空间中。

图3-15　齿轮改造的地面装饰

重置是当代艺术中较为常见的创作手段，将现成品置入一个新的公共空间，从而与周围环境产生全新的视觉感受。而人们之所以会从中解读出信息，是因为人们习惯把放置在一起，尤其是安置在同一个画面里的东西看成整体，会自然地找寻他们之间的逻辑关系，从而更好地欣赏视觉对象，而且人在观看的同时会带着思维的习惯，这是人类在长期的适应环境的进化过程中养成的视觉思维能力。“置于新的环境状态之中，便可以构成具有象征意义和审美价值的作品，揭示出都市文明的某些内涵和人类各种生活行为的痕迹。”[1]不仅其功能发生了转变，作品的意义也会随之改变。工业现成品艺术作为一种城市公共艺术，能最大程度地展现沈阳的工业文化特色，并在视觉效果上与崭新的城市环境和谐统一，“公共艺术存在的理想状态不是仅仅作为纯粹的精神与艺术表现，也不是为了纯粹的视觉观赏需要而存在，而是愿望公共艺术能使公共环境更加具有‘场所感’‘亲和感’‘地方感’或‘历史感’的积极因素，并在这些方面使之具有视觉信息传达的效用，而更多地服务于市民及旅游者的日常活动。”[2]

沈阳工业现成品艺术的整体利用方式中包含了并置、堆叠和重置三种艺术手法：并置分为对称、直线、非直线三种排列形式，整体中富有变化，视觉上更加协调；堆叠为同一现成品重复堆叠以及同类现成品的秩序排列，视觉上的反复加强了作品的重量感；重置是将工业废弃品放置在全新的公共空间中，从而在周围环境衬托下产生新的视觉效果和审美价值。

第二节　部分改造

沈阳工业现成品艺术部分改造的方式是使用工业现成物的一部分再辅之以新材料组合完成，或是通过局部上色改变作品整体风貌，具体的艺术手法包括集合和上色。

（一）集合

在《汉语词典》中，集合的概念是指许多分散的人或物聚集在一起，在艺术创作中，集合是指“一种艺术技巧，而不是风格，它结合了二维材料、图像和三维的形式和物品。20世纪50年代末流行于欧洲和美国。集合艺术试图抹去艺术的意象和材料的高低的区分。它被用来呈现分散、多样化和快速消耗的新消费文化的现象。材料的组合可以是自然或人造的。法国新写实主

[1] 马永建．后现代主义艺术二十讲［M］．上海：上海社会科学院出版社，2006：25.

[2] 翁剑青．公共艺术的观念与取向：当代公共艺术的文化及价值研究［M］．北京：北京大学出版社，2002：23.

义艺术家让·杜布菲（Jean Dubuffet）在1953年为他的将纸型、废木料和其他碎片组合在一起的作品第一次使用了这个词。其他的新写实主义成员的作品包括塞萨尔（Cesar）的压缩的汽车，以及简·提克雷（Jean Tinqueley）的机械组合、照片蒙太奇、广告、拾得艺术品等。”[1]笔者在这里借用集合这个词来形容沈阳工业现成品艺术的一种组合方式，它是由不同种类的工业器械、零部件等集合拼凑而成，集合方式包括全部利用工业零件集合而成以及将现成品和新材料集合而成两类。

在中国工业博物馆内就有全部利用工业零件集合而成的现成品艺术，它们以景观装饰为主，虽然没有明确的主题，但是因为附属于工业博物馆这座公共建筑，所以能引发观者对工业历史的怀念。博物馆的一处外墙上的浮雕作品（图3-16），就是利用各种工业废弃物焊接在一起并贴合在墙上的，这些工业废弃物包括铁条、铁管、风轮等，有的部分还凸出墙体，尤其是风轮，还可以随风转动，远观如同一幅由直线、曲线相互交叉构成的抽象画。

将工业现成物作为艺术创作的主体，辅之以新材料集合而成的全新的雕塑作品，在特定的城市环境中可以引发人们的联想和追忆，包括《孵化》《工业魔方》《速度》以及中国工业博物馆中利用钢包创作而成的无名雕塑均采用了这种手法。《孵化》（图3-17）中破壳而出的是一个机床，机床的外部

图3-16　各种废弃品集合的外墙浮雕

图3-17　旧机床与合金外壳的集合

[1] 凯瑟琳·麦克德莫特. 设计核心概念［M］. 王露，译. 北京：清华大学出版社，2014：24.

轮廓为长短不一的直线组合，而外壳为椭圆形，圆滑锃亮，直线和曲线的组合在视觉上形成对比，这种将旧机床翻新，外部套着一个裂开的“蛋壳”的组合放在街角的位置非常醒目，机床来自沈阳第一机床厂，放置的地点为原沈阳第一机床厂厂址，废旧的机床与“蛋壳”重新组合后又再次以艺术品的形式为沈阳人带来视觉上的冲击以及对过去的回忆。《工业魔方》（图3-18）的主体是沈阳铸造厂的铸造砂箱，呈45°倾斜，具有不稳定感，砂箱为正方体结构，在空隙中嵌入了红、黄、蓝、灰色的木块，与砂箱的铁锈色相比，“三原色”的装饰木块更加鲜艳醒目，颜色以及倾斜的造型使得整件作品在周围的环境中十分突出。利用钢包创作而成的无名雕塑（图3-19），保留了钢包本身，支架用砖砌而成，整体色调为灰色间或涂以黑色、白色，钢包的下方为黑色的大理石砖铺设而成，钢包被嵌在大理石台座中，略微倾斜，钢包与大理石的材质及色调形成对比，而有水环绕，有树映衬，也使这件作品和谐地融入周围的景观中。

图3-18　砂箱与彩色木块的集合

图3-19　钢包与大理石等装饰材料的集合

上述作品中的主体均为工业现成物，与新材料搭配，在形态和色彩上既呈现出对比状态，组合在一起又具有调和的美感，很好地融入周围的景致当中。运用集合的组合方式，这些工业现成品艺术的局部呈现出组织性和构成性的特点，既有变化和差异，同时又融入统一的整体中。在视觉效果上，主体与搭配物的组合主要体现在形体、色彩、材质、线条、空间位置等的对比与调和中。对比与调和，是一对矛盾统一体，二者相辅相成、不可分割，在统一中有变化，在变化中求统一，只有把两者巧妙地结合在一起，才能创造出风格统一而又变化丰富的美。

（二）上色

色彩是人的眼睛对不同波长光线的感觉，各种物体的颜色由于吸收和反射光的电磁波程度不同，便会呈现出赤、橙、黄、绿、青、蓝、紫等色。沈阳的部分工业现成品艺术表面涂有色彩，如红色、黄色、蓝色、金色、绿色、橙黄色、黑色等，在色彩的表现方式上分为单一色彩和组合色彩，但无论是单一色彩还是组合色彩，其功能总结起来就是两点：一是醒目；二是装饰环境。

将现成物的表面涂上某一种色彩，与周围环境色或对比或统一，使其突出或融入所处的公共空间，这样的作品如重型文化广场上的公共设施、北一路金街的步行街小广场的中心雕塑和座椅，涂饰的色彩包括黄色、红色、金色、蓝色、绿色。

在现成物外表涂饰的诸多色彩中，以黄色运用得最多，因为黄色在所有色彩中的明度最高，“黄色的波长在可见光谱中没有红色与橙色长，处于居中的地位，但在光亮度上，黄色的光感是最强的，是一种明快而鲜亮的色彩，黄色具有清爽、干净的特点。”[1]黄色也是一种暖色，在广场空间中，暖色会拉近与市民的距离。铁西区重型文化广场的现成品公共设施，如秋千（图3-20）、花车（图3-21）、路障（图3-22）、果皮箱（图3-23）、拦车杆（图3-24）等就是在原有的工业废弃品表面涂上纯度较高的黄色：秋千、

图3-20　黄色广场秋千

图3-21　黄色花车

[1] 白芸．色彩·视觉与思维［M］．沈阳：辽宁美术出版社，2014：41.

路障、果皮箱是整体涂上黄色，在周围灰色地砖的衬托下更加显眼；花车和拦车杆的主体为黄色，部分仍保留钢、铁原有的色泽，如拦车杆的横杆就是没有涂色的钢管，而竖杆整体涂黄，在视觉上可以清晰地区分停车位的边线；花车由原车间的轨道运输车改造而成，车体部分全部涂成黄色，车轮轮毂及支架外框部位也被涂成黄色，远看为对称的两个竖线及圆形的组合，黄色给人膨胀和醒目的视觉感受，使得这个公共设施看起来更像是园艺花车。这些公共设施放置的地点均在重型文化广场，黄色在重型文化广场的整体色调中最为醒目，分布地点在广场的东、西两侧，起到点缀广场的作用，呈对称排列，亦达到一种视觉上的平衡。

图3-22　黄色路障

图3-23　黄色果皮箱

图3-24　黄色拦车杆

除了黄色，在重型文化广场的西侧还有一道红色的风景，是在一小块空地上由轮轴改造的路障，轮轴的两端被漆成红色（图3–25），“红色是喜庆的、张扬的、刺激的、抢眼的颜色，是使人产生兴奋的正能量色彩的象征。”[1]在这里，将路障漆成红色具有醒目、警示的作用，明度高的红色路障能更好地引起司机注意。建设大路沿线的《机床（1970）》作品是将旧机床整体搬到街边，机床的上半部分搭配物被喷涂成红色（图3–26），作为

[1] 白芸. 色彩·视觉与思维［M］. 沈阳：辽宁美术出版社，2014：41.

图3-25　红色路障

图3-26　机床上部整体漆成红色

路边的主题雕塑，醒目的红色起到吸人眼球的作用。红色在暗色的周围环境中非常突出，但是因红色在视觉上具有较强的刺激效果，所以不适宜大面积、大范围使用，小面积使用醒目的效果更加明显。

重型文化广场中公共设施上涂饰的红色与黄色都具有较强的明度和纯度，这在公共空间中非常醒目，视觉感受非常强烈，因为“色彩的强弱是由色彩的明度和纯度而决定的。正常情况下，纯度高的色彩在视觉上会有强的感觉，纯度越高视感越强。”[1]这也使得涂有红色和黄色的公共设施膨胀的视觉效果更加明显，能够从环境中凸显出来。

除了醒目的红色和黄色，北一路金街的圆形小广场的中心雕塑和座椅还使用了金色。金色，是一种略深的黄色，带有光泽，是金属黄金的色泽，能够呈现出金属质感的黄色视觉效果。在铁西区的北一路步行街的拐角处有一个圆形的小广场，广场的中心是一个高2米左右的现成品雕塑，支架的表面被涂上金色，并做了肌理效果，围绕着雕塑有几个螺栓造型的休闲座椅，同样做成肌理效果的金色。金色本身就有一种金属的色泽，做成肌理效果使其更具金属的斑驳感，从而降低了金色的饱和度，增强了金色与周围环境的融合效果。而且，这条街道是铁西有名的商业步行街——金街，金色的外观也符合金街名称的设定，这条街的两侧都是商铺，橱窗里摆满了琳琅满目的商品，颜色更是五颜六色，在各种鲜艳色彩的映衬下，具有肌理效果的金色雕塑和座椅更显示出了一种沉重感和稳定感，很好地融入五彩缤纷的色彩背景中。

除了单色的装饰手法，沈阳工业现成品艺术还采用了另一种色彩的表现

[1] 白芸. 色彩·视觉与思维[M]. 沈阳：辽宁美术出版社，2014：85.

手法，即组合色彩，具体的方式是将两种或多种色彩进行搭配组合，不同的色彩之间达到了一种“和谐”。“‘和谐’这个词来自音乐，它是指音符之间的关系听起来非常统一。通常来说，这个词只表示‘一致性’或者事物间的同调。但是，在音乐中，‘和谐’可以是‘一致的’，也可以是‘不一致的’——也就是说，当音符在汇聚到一起时如果融合得天衣无缝，可以称为‘和谐的’；但如果音符的‘不一致’激起了声学上的紧张感，也可以认为是一种‘和谐’。使用这个词来形容色彩关系的时候，我们主张把‘和谐’的所有可能意义都纳入进来，从‘一致性’到‘非一致性’都很有用。因为视觉的张力是一种必要的形式工具，色彩也可以为艺术和设计增添视觉张力。”[1]组合色彩的具体搭配包括蓝色与黄色的搭配、黄色与绿色的搭配。

蓝色与黄色搭配的作品是重型文化广场西边的儿童滑梯（图3-27），滑梯的楼梯、栏杆和平台涂上黄色，而油桶改造的立柱和滑道底部则涂上蓝色，蓝色具有清静、素雅之感，且在视觉上有收缩之感。整个儿童滑梯上半部分为黄色，下半部分为蓝色（图3-28），两色是对比色，搭配使用具有醒目的效果，而且暖色膨胀冷色收缩，上半部分的黄色与下半部分的蓝色达到一种视觉平衡，冷暖搭配使得最后的视觉效果非常“和谐”。

黄色与绿色搭配的作品是位于重型文化广场东侧由旧机床改造而成的

图3-27 黄色、蓝色搭配的儿童滑梯

图3-28 滑梯局部

[1] 戴维·霍尔农. 视觉艺术色彩：在艺术与设计中理解与运用色彩［M］. 王雪婷，译. 杭州：浙江摄影出版社，2014：95.

图3-29　黄色、绿色搭配的广场座椅

图3-30　漆成黄色的溜板箱部分

休闲长椅（图3-29），机床的主体，包括主轴箱、床腿都被涂上绿色，“绿色是一种较为中立的色彩，它与色轮上其周边的色彩都可以协调。是可见光谱中人的眼睛最适应和感觉最舒服的色彩。绿色象征平和、朝气、健康，给人感觉清新，安定。每当我们的眼睛感觉到疲劳时，看看绿色会使眼睛感到愉悦和休息。绿色与其他色彩相配时，始终给人的感觉是非常协调和有朝气。”[1]而溜板箱则涂上黄色（图3-30），黄色的明度高，点缀效果非常明显，绿色和黄色是邻近色，所以搭配起来更协调，也与广场的绿化和谐呼应。

色彩本身就具有表现力，冷暖色调、深浅浓淡、色系搭配……每个人都可以感知色彩美，色彩会对人的生理和心理产生相关的刺激，不同的色彩会引起人们不同的生理感觉和情绪反应。红色给人感觉热烈奔放、兴奋振作；黄色显得明亮、令人欢乐；蓝色使人感到寒冷、沉静、忧郁；绿色显得平静、清爽、生机盎然，等等。人们对色彩的认识除了从色相、明度、纯度等角度去理解外，还会把各种色彩分成冷色调、暖色调以及居于二者之间的中性色调，冷色调如蓝色、绿色等，会引起人们宁静、清凉、悲哀等感情反应，使人联想到广袤的海洋、碧绿的草原、蔚蓝的天空等景物，暖色调如红色、橙色、黄色，会让人产生温暖、热烈、欢乐、开朗、活跃等感情反应，进而联想到火红的太阳、炽热的火焰等景物。除了冷暖感觉外，色彩“还会

[1] 白芸．色彩·视觉与思维［M］．沈阳：辽宁美术出版社，2014：42.

产生不同的软硬、轻重、强弱和远近的感觉。色彩给人的生理感受，是它产生不同情感效应的基础，色彩的情感效应与人的生活经验直接相关。史前人最先认识的颜色便是红色，它是血与火的颜色，血是生命的象征，从胎儿堕地到与敌人和野兽的拼搏，都会经受血的洗礼。红色预示着胜利，给人以喜庆的情感体验，但也会给人以恐怖和愤怒、紧张和不安的感觉。”[1]色彩的情感属性，也是构成艺术作品形式美的重要因素，色彩还具有传达信息、增强记忆、激发情感、树立形象等作用，“视知觉的色彩感知过程，与人们的过往记忆、想象、思维以及知识、经验等高级认识活动有着密切联系。”[2]它影响着人的感觉、知觉、记忆、联想、感情、心理等活动。

第三节　借用

在艺术创作中，借用的方式往往是通过模仿、借助大众所熟知的形象展开创作，进而表达全新的主题思想。沈阳的部分工业现成品艺术就采用了借用的方式，选取大家所熟悉的工业制品或零部件的形象，并将其等比例放大，作品巨大的体量和尺度带给人们强烈的视觉冲击力。

铁西广场中心的巨型雕塑《力量》，借用了工业吊钩的形象进行创作，即将常见的工业吊钩整体等比例放大（图3-31）。吊钩是工业生产中不可或缺的工具，整个作品线条粗犷，具有力拔千斤的气势，暗示了通过吊钩拉动铁西经济的蓬勃发展。把一个吊钩放大到21米高，就会产生强烈的视觉冲击力和压迫感，增强人们的记忆。《印刷乐章》是一个大型雕塑，它借用了印刷机、铅字和滚筒的形象（图3-32），可以辨认出铁西、工业、文化、走廊等字样，铅字的下方是印刷机，正在向外输送印刷出来的纸张，印刷机和铅字都采用等比例放大的处理方式，尤其是最上方的铅字组合体与下方水平的印刷机呈45°角倾斜状，这种不稳定也带来了视觉上的动感。中国工业博物

[1] 徐恒醇．设计美学［M］．北京：清华大学出版社，2006：128.

[2] 白芸．色彩·视觉与思维［M］．沈阳：辽宁美术出版社，2014：81.

图3-31　等比例放大的吊钩

图3-32　等比例放大的铅字印刷机

图3-33　等比例放大的钢锭模具

馆的铸造展厅入口处立着镶有“铁流凝变”四个字的大型雕塑（图3-33），它借用了浇铸模具的造型并按照等比例放大，砖红的色泽在空旷的展厅及周围的灰色调中凸显出来，作为入口处的标志物，既传达了该厅的展示内容，又很好地诠释了铸造这个主题，让人记忆深刻。

三件作品的比例和尺度所带给人们的不是和谐的美感和舒适的视觉感受，而是强烈的视觉震撼力，这种震撼力很容易让人产生深刻的记忆，同时也加深了人们对作品及周围场景的整体印象。在艺术史上，借用这种创作方式出现于20世纪60年代中期，一群美国艺术家们把日常生活中的“现成品”等比例放大，例如把一个啤酒罐、一把锄头或一支口红放大后置于公共环境中，代表人物如克莱斯·奥登伯格（Claes Oldenburg）。奥登伯格是一位擅长复制和放大现成品的艺术家，他的作品《衣夹》(Clothespin)、《棒球球棒》(Batcolumn）等是将现成品等比例放大，放置在广场等公共空间中，奥登伯格通过将日常生活用品巨型化的方式，使世俗的东西转化为一种场所化的雕塑，他将其称之为“雕塑纪念碑”，并希望通过它们来取代那些传统的、古典庄严的纪念性雕塑。奥登伯格曾说过：“我仿制这些东西有一个教诲性的目的，因为我要人们习惯于普通物品的威力。”上述三件作品借用了人们较为熟悉的工业形象——吊钩、印刷机、模具都是已有的工业现成物。三件作品没有直接利用现成物，而是通过等比例放大以达到震撼的视觉效果，这是对现成品艺术创作题材的拓展。

除了大型雕塑，一些浮雕作品也选择了借用的手法，如中国工业博物馆新馆展厅入口处的墙面浮雕（图3-34），即借用了多种工业零部件的造型。作品中以齿轮最多，还有各种不规则形的零件，相同的零件被排放在一处，

图3-34　各种零部件集合的浮雕门饰

图3-36　直线并置街道座椅

图3-35　直线并置路障

用齿轮点缀其间，虽然零件较多，但其构成却有一定的秩序感，集中在墙体的中下部，便于观众近距离观赏。而公共设施中也有运用借用这种艺术手法创作的作品，如位于重型文化广场主入口的六个路障（图3–35），借用了螺栓的造型，呈直线排列；位于北一路金街内步行街的休闲座椅（图3–36），也是借用了螺栓的造型，每个座椅可承载一人，四个成组。两组作品中的构成元素均为偶数，在大型广场、商区实施偶数配置也迎合了中国大众喜欢成双成对的心理。

沈阳工业现成品艺术的三种创作方式，包括现成品的整体利用、部分改造及借用在艺术史中均有迹可循：《机床（1970）》《熔铸》《和谐》以及大部分标识雕塑，还有创意产业园内直接靠墙倚放的废旧轮胎，均采用了整体利用工业现成品的创作方式，这种方式在20世纪初就被杜尚所采用，杜尚在《自行车轮》作品中将自行车前轮与椅凳组装在一起，并非为了创造出“漂亮”的艺术品，这些现成品的组合完全将审美、造型的因素排除在外。而法国雕塑家阿尔芒的《长期停泊》既是现成品集合重构的代表作，更将集合这种艺术手法进一步发扬光大。《自行车轮》《长期停泊》在艺术史上都是经典之作，沈阳的现成品雕塑也在不断采用这些艺术手法，但无论是创作主题还是创作方式仍有进一步提升的空间，而老工业城市遗留下来数量众多的工业现成物可以为这些创作提供材料，是艺术不竭的源泉。《孵化》《速度》《工业魔方》以及博物馆公共绿地上的钢包雕塑均采用了部分改造的方式，将现成品作为整体雕塑的一部分并与新材料重新组合，这种手法在波普艺术中运用得较为广泛。罗伯特·劳森伯格（Robert Rauschenberg）的《字母组合》（Monogram）就是一头安哥拉山羊标本、废弃的轮胎以及画布的组合；采用借用手法的《力量》，借用了一个普通吊钩的形象并将其比例放大到极致，极富视觉冲击力；美国艺术家克莱斯·奥登伯格也曾将衣夹、甜点等生活品高倍放大并涂上鲜艳的颜色摆放在城市的公共场所中，这种手法造成的视觉效果非常强烈。奥登伯格的创作是与消费文化息息相关的，反映了美国社会的商业文化特质，而《力量》则与中国老工业城市中的工业文化相结合，反映出浓厚的工业氛围。

小结

置于公共空间中的现成品艺术与城市历史文化、市民记忆的契合点越多，感染力越大，纪念性就越强。此外，现成品艺术也具有美化的功能，“美化，即加以装饰或点缀，结果是美观。通过人的主观能动性对生存空间进行有意味的改造，使之比原先更佳。美化是人共生的行为，一方面受制于人的思想境界，反映其素质与涵养；另一方面体现出人的创造性，装饰或点缀需要具体行动，通过实践创造出生动独特之处。美化是文化体现之一，依照美的规律对事物进行形态整合，显示出人之所以为人的价值。人需要优美的生存空间。爱美之心，人皆有之，生存渴求温馨和谐的氛围，治理与改造空间标志着文明的发达状况。保护环境成为现代社会人人遵循的准则，人们不仅从生态平衡角度，更从心理上致力于创造一个既能满足生存需要，又能体现精神表达的优雅环境，文化视觉空间也就成为世人共识。”[1]现成品艺术打破了业已形成的惯性审美模式，由于它选择生活中的现成品作为创作对象，因此现成品艺术的价值更在于其观念，即艺术生活化的观念，在这种观念的引导下，必然引发观看和审美等方面的转变，即将日常生活审美化，“日常生活审美化有两层含义：第一，艺术家们摆弄日常生活的物品，并把它们变成艺术对象。第二，人们也在将他们自己的日常生活转变为某种审美规划，旨在从他们的服饰、外观、家居物品中营造出某种一致的风格。日常生活审美化也许达到了这样一种程度，亦即人们把他们自己以及他们周遭环境视为艺术的对象。”[2]沈阳的工业现成品艺术运用整体利用、部分改造、借用的改造方式，并进一步采用并置、堆叠、重置、集合、上色和借用六种艺术手段进行再造，使得再造完成的艺术品具有全新的视觉感受，这种尝试也是一种视觉上的重构，为人们提供了一条感知城市历史、文化的新途径。

[1] 许正龙．雕塑概论［M］．北京：清华大学出版社，2011：149.

[2] Nicholas Abercrombie，Stephen Hill and Bryan S. Turner Turner，The Pengnin Dictionary of Sociology［M］. Harmondsworth：Penguin，1994.

第四章

工业现成品艺术的文化语义

不少工业现成品艺术蕴藏着文化语义，语义的内容往往与工业历史与文化联系密切。本章借鉴了潘诺夫斯基的图像学研究方法，以机床、钢包、钢钎、吊钩、齿轮的形象为例解读文化语义，对语义的解读能为工业现成品艺术找寻到文化根源。对语义的阐述过程包括三个层次，即从功能含义、惯例含义和象征含义三个层面逐层分析：功能含义是对工业现成物原本使用功能的总结；惯例含义是指工业形象出现在艺术作品中通常所代表的含义；象征含义是指它们象征的工业精神。

第一节　机床形象的文化语义解读

机床作为一种典型的工业形象，能够明确地传达出沈阳机床生产的历史信息。机床曾是沈阳的骄傲，沈阳被誉为“中国机床之乡”，厚重的机床发展史使得机床的形象在沈阳有着典型的文化语义。

一、机床的功能含义

机床的功能是生产、制造所有机器零件。机床是一种习惯性简称，它是指制造机器零件的机器，亦称工作母机或工具机，一般分为金属切削机床、锻压机床和木工机床等类别。

现代机械制造中加工机械零件的方法很多，除切削加工外，还有铸造、锻造、焊接、冲压、挤压等，凡是精度要求较高和表面粗糙度要求较细的零件，一般都需在机床上用切削的方法进行最终加工，机床在国民经济现代化的建设中起着重大作用。机床主要由支承部件、变速机构、进给机构、刀架、刀库、操纵系统以及附加装置等组成。沈阳机床的生产以及技术的创新在20世纪一直处于全国领先地位，为新中国各地的机器生产立下汗马功劳，支援了汽车、拖拉机、石油、钢管等行业的发展。早在1926年东北大学工厂就自制出了皮带车床和钻床，当时中国还没有机床工业，只有少数企业能够制造一些简易机床，1972年，沈阳第一机床厂生产的CA6140普通车床，代表了当时中国机床生产的最高水平，从20世纪50年代到70年代，沈阳成为中国机床工业的摇篮，先后创造出中国机床的多个第一，这也是沈阳机床生产最为辉煌的时代。沈阳机床在全国总产量中的比例就足以证明曾经的辉煌。据统计，沈阳“一些主要的机械工业产品在全国居重要地位，其产量在全国总产量中，大型变压器占50%，高压防爆开关占45.4%，大型风机占48.6%，摇臂钻床占80%，卧式多轴自动车床、大型透平压缩机等更是独占国内市场。”[1]

而如今的机床已经历经数次革新设计成为数控机床，那些遗留下来的老旧机床经过改造后具有新的功能，并再次以现成品艺术的形式为沈阳人带来视觉上的冲击以及对历史的追忆。

二、机床的惯例含义

在中华人民共和国成立初期，沈阳工人为了提高生产力而在机床上所做的创新改造，使得沈阳机床的文化语义中具有了“创新”的内涵，在工业题材的美术作品中机床的形象就蕴含着创新的含义。

《毛主席的好工人——尉凤英》（图4–1）是一件国画作品，作者赵平安。尉凤英是中华人民共和国成立初期沈阳著名的劳动模范，她当选过全国第二、三届人大代表，中共九届、十届中央委员，十一届中央候补委员，先后13次受到毛泽东同志的接见，1953年，20岁的尉凤英进入东北机器制造厂当工人，她勤奋好学，钻研技术，大胆革新，进厂第一年就实现两项技术革新，完成全年的生产任务仅用247天。画面中的尉凤英正在钻研改进技术，以提高生产质量，而位于正前方的机床则是技术创新的对象。另外，《沈阳工人美术作品选》（中国美术家协会辽宁省分会1958年编）收录的一些作品中也有机床的形象，蕴含了创新的内容，例如，沈阳机床三厂车工李汉华创作的《物尽其力》（图4–2），是三幅画构成的具有漫画性质的工业题材作品，表现了两位工人通过将两台机床的零件进行创新式整合，从而能达到物尽其用的目的；沈阳大东机器厂工会干部张光武的《师徒革“心”》（图4–3）

[1] 沈阳市统计局编. 人民沈阳四十年［M］. 北京：中国统计出版社，1989：3.

图4-1 《毛主席的好工人
——尉凤英》

图4-2 《物尽其力》局部

图4-3 《师徒革“心”》局部

图4-4 《生产关键解决了》

是四格漫画，表达了师徒二人共同寻找机床技术创新的方法，最终获得成功的艺术主题；沈阳机床一厂车工乔尚魁创作的《生产关键解决了》（图4–4）表现了工人们正在车间里共同探讨解决机床生产上的技术问题。这些工人们工作之余创作的作品虽用笔用色简单，但朴实地传达出他们在生产活动中不断寻求创新的主题思想。

在中华人民共和国成立初期工业题材美术作品中出现的机床形象也传达出工人们通过对机床设备及技术的创新，继而为祖国建设做贡献的主题。中国美术馆收藏的《参加技术协作，共破生产关键》（图4–5）宣传画由张文涛创作，画中三位工人面露喜色，应该是已经解决了生产中的难题，尤其是前方的两位工人紧紧握手，表现了二人通过技术合作，共同突破生产中的关键性问题，在他们前方是一台机床，下方有一排字——参加技术协作，共破生产关键。这幅作品传达出工人们发扬自力更生革命精神，多快好省提高技术水平的主题思想。另外，《开展爱国主义生产竞赛——提高质量就是加强保卫祖国力量》（图4–6）也是一件表现解决技术生产难题的宣传画，作者是张凡夫，画中表现了一位工人正在专心研究如何改良机床以达到提高生产质量的目标，工人专注地盯着前方的机床，而背景墙上表格中的红色曲线上扬，代表了生产总量的大幅提高。《技术协作》（图4–7）是一幅油画，由崔志冬创作，画面中有三位工人，其中一位是女性，手中正举着一个小零件，似乎正在讲述关于这个零件的问题，她的旁边是一位老工人，正认真地盯着这个小零件，画面最前方是一台车床。该作品表现的内容是工人之间的技术协作，共同商讨如何通过创新提高零件生产的质量。上述三件作品中，机床的形象全部位于画面的前端，作为画面的重要组成部分非常醒目，机床后方往往有一位或多位工人，或是独自思考钻研，或是大家共同商讨，表现的内容均为工人们通过不断对机床的改良以及技术上的创新，生产出更符合标准的机器零件，传达出工人们在技术上不断追求创新的主题。

图4–5 《参加技术协作，共破生产关键》

图4–6 《开展爱国主义生产竞赛——提高质量就是加强保卫组国的力量》

图4–7 《技术协作》局部

此外，机床的形象已经作为特有的工业符号出现在其他领域，例如沈阳制造的机床出现在1964年发行的人民币上，第三套人民币两元币正面图案为正在车床前工作的工人。正是这台车床，在成为人民币印刷图案设计历史永久记忆的同时，也成为沈阳机床人永远的骄傲与自豪，因为这台机床的原型正是沈阳第一机床厂工人在1953—1955年间根据苏联提供的全部图纸和技术资料，自行开发研制出的中国第一台普通车床C620–1型系列产品的原型。如今，第三套人民币已逐渐成为历史，但机床作为一种工业形象，继续传递着关于创新的工业文化语义。

三、机床的象征含义

在中华人民共和国成立初期，沈阳工人为了提高生产力而在机床上所做的创新改造，使得沈阳的机床生产为国家的工业发展立下汗马功劳。可以说，机床象征了沈阳工人的自主创新精神。

在沈阳，机床发展史就是一部工业技术自主创新的历史，因此机床的形象充分展现了沈阳工人自主创新的精神。“解放前，沈阳的工业生产技术水平很低，主要是靠手工操作，只能修配，不能制造；只能仿制，不能独立设计。经过四十年的艰苦奋斗，沈阳的工业迅速摆脱了技术落后状态，日渐发展成为一个拥有一定科学技术攻坚能力的中心城市，研制成功并生产了大批大型成套设备。四十年来，沈阳凭借雄厚的物质技术基础和较强的消化吸收国外先进技术的能力，制造出了我国第一台半自动程序控制车床、第一台精密丝杠车床、第一台六轴自动车床。”[1]可以说，机床这个形象在沈阳就代表了技术的研发与创新，这也是沈阳人的骄傲。沈阳人孙立哲在报告文学《历史从这里走过》中叙述道，“编纂沈重厂志的时候，我曾就这段历史采访过众多的知情人，大家对‘一五’建设时期有一个共同的评价：‘虽然当时的环境恶劣，设备条件不好，技术水平很低，但是人的精神世界非常充实。大家凭着为国争光的劲头，刻苦钻研，敢于实践，把许多的不可能变成了一个个活生生的现实！’当时工厂还没有大型工作母机，以小干大、以多制胜的‘茶壶煮猪头’‘蚂蚁啃骨头’加工法，成了不是办法的办法。工人们靠这样的‘人海战术’土办法，硬是啃下了2500吨水压机横垛的加工任务；应用最高负荷50吨的6米立车，以‘抬轿’加工法，加工70吨重的6000吨水压机上横梁；应用10米卧式车床，以‘抬轿’加工法，加工6000吨水压机的15米立柱；将超大直径的齿轮采取分4瓣三坐标加工，以及改造简易机床，自制专用工具工装解决大件加工的难题等，都是工人群众在劳动实践中探索总结出来的宝贵经验。用现代化生产的观点看待当时的做法，除了加工手法比较土之外，还有些冒险蛮干，甚至存在明显的安全隐患。但正是这些可贵的探索精神，创造精神，成就了新中国成立早期的一个个工业奇迹。也正是在这样

[1] 沈阳市统计局编. 人民沈阳四十年［M］. 北京：中国统计出版社，1989：15.

浓厚的技术革新氛围里，才培育出了全国赫赫有名的‘刀具大王’金福长等一大批技术革新能手，以及各工种的能工巧匠。”中国在三年国民经济恢复时期和“一五”期间，才初步建立起机床行业，沈阳三大机床厂（沈阳第一机床厂、中捷友谊厂、沈阳第三机床厂）成为中国机床工业骨干企业，被列入18个骨干企业中，随即创造诸多辉煌，20世纪50—70年代，先后创造了中国机床领域的多个第一，为各行各业的发展提供了数十万台的工作母机，沈阳因此成为中国机床工业的摇篮。可以说，工人为了创新而不断进行的实验和创造，就是一种自主创新的工业精神，正是在沈阳工人们的不懈努力下，机床生产才取得了如此巨大的成就，这种创新精神也是工业文化的一部分，融入所有沈阳以机床为题材的现成品艺术中。

工业遗留物以艺术品的形式回归大众视野，作为载体用新的形式向所有人展示这座城市曾经的工业历史，这无疑是一种“新生”。在沈阳，以机床改造而成的现成品艺术包括《孵化》、《机床（1970）》、中街步行街的摇臂机床以及重型文化广场上东侧机床改造而成的休闲长椅。《孵化》中心的机床取自于沈阳重型机械厂的旧机床（图4–8），整个作品寓意原本以重工业为主的老工业区，在新的时代背景下经过脱胎换骨的改造从而走向新生。同样位于建设大路上的《机床（1970）》直接采用了CW163型号的机床（图4–9），这款机床代表着我国当时先进的机床工业水平，作品纪念了20世纪70年代沈阳机床生产所取得的成就。位于沈河区中街步行街沈阳春天门口的一件旧机床被重新安置在紧邻商场的入口处，这是一台摇臂机床（图4–10），中街步行街两旁商场林立，外观装修风格更是颇具当代特色，在两旁建筑的映衬下，这个废弃、陈旧的设备更显突兀，但也成了商场的个性招牌，设备的底座上经常有人坐着聊天，俨然具有类似公共休闲座椅的功能。在重置到新的商业性公共空间中，工业遗留物的新功能得到开发，意义也发生了改变，不再是工厂车间里的生产器械，也不是一个巨大的工业废弃物，而成为公共空间中的一个艺术点缀并与市民零距离接触的城市公共艺术品。在重型文化广场的东侧，临近南北大道处有一个由旧机床改造而成的公共休闲长椅（图4–11），机床是原沈阳重型机械厂遗留下来的，将取自工厂的旧机床刷成醒目的黄色、绿色，并在机床边缘钉上几排细木条，木条分为三组，每组可承载三人休息。利用废弃的机床做椅子的主体，稍加几片木条，既节省材料又风格独特，既能很好地满足人们休憩的需求，又能引发人们对老工业城市历史的沉思以及对新艺术形式的感叹。另外，中国工业博物馆新馆大厅巨型浮雕中的机床的形象非常显眼（图4–12），在整个浮雕作品的中部下方，工人群体右侧有一台20世纪70年代生产的机床。在沈阳劳动公园入口的一处大型墙体浮雕的正中也有机床的形象（图4–13），两个工人正在机床前认真地研究如何改进和创新以便制作出更好的工业零件。在这两件包含机床形象的浮雕作品中，机床作为一种典型的工业形象，明确地传达出沈阳机床生产的历史信息。

图4–8 《孵化》中机床部分

图4–9 《机床（1970）》中机床部分

图4–10 中街步行街摇臂机床局部

图4–11 重型文化广场机床改造的长椅

图4–12 中国工业博物馆大厅浮雕中的机床

图4–13 沈阳劳动公园浮雕墙中的机床

机床作为展现沈阳工业文明发展史的重要物件，以全部或部分介入的方式成为公共艺术品创作的重要组成部分，用艺术的形式继续向大众传递出关于这座老工业城市创新精神的文化语义。

第二节 钢包、钢钎形象的文化语义解读

中华人民共和国成立初期，沈阳的铸造工艺发达，沈阳铸造厂、沈阳轧钢厂等都是全国铸造行业的领头羊。中国第一枚金属国徽的铸造来自沈阳，中华人民共和国成立十周年在天安门广场前接受检阅的钢锭和铸件几乎全部来自沈阳铸造厂，如今这些骄傲和辉煌浓缩在工业现成品艺术中，以钢包、钢钎的形象继续传达着相关的文化语义。

一、钢包、钢钎形象的功能含义

钢包、钢钎是炼钢的基本工具，而炼钢是铸造的第一步，也是铸造工艺的基础。

钢包又称钢水包、盛钢桶或大包等，是盛钢水的容器，炼钢过程中在钢包中还有对钢水进行精炼处理等工艺操作。钢包由外壳、内衬和注流控制机构三部分组成，外壳由锅炉钢板焊接而成，且外壳腰部还焊有加强筋和加强箍。在实际操作中，钢包用在平炉、电炉或转炉前承接钢水、进行浇注作业，是炼钢工人使用的重要工具。

钢钎看似简单，但在炼钢作业中非常实用，捅炉火、搅动钢渣等都少不了它。作为炼钢工具，钢钎的形象特点是把手呈圆环状，有豁口，便于悬挂，钎头尖尖，钎身与其他类钎相比较长，这是为了炼钢工人的安全需要，因为接触的是高温炉和钢水，所以钎身需要保留一定的安全距离。钢钎是炼钢工人必备之物，也是炼钢工人身份的象征。

钢包、钢钎是炼钢作业中的基本工具，钢包用于承接钢水，而钢钎是工人在炼钢过程中用于远距离捅炉火，使炉火更旺的工具。钢包的式样为桶状，通

常为上大下小，前有流口，桶壁两边有突起，用于悬挂扶手。钢钎不同于其他种类的钎，把手部位为圆环状，便于工人抓握。钢包、钢钎的形象往往和铸造工艺联系在一起，因为炼钢是铸造工艺的第一步，而钢铁工业是中国发展经济的需要。原沈阳铸造厂工人任韶安曾说过，作为重工业的第一道工序，沈阳的铸造业支撑了全国工业的基础，由此也可以看出沈阳铸造行业曾经的辉煌。

二、钢包、钢钎形象的惯例含义

钢包、钢钎是典型的工业铸造用具，因此二者的形象包含了“铸造”的含义。在中华人民共和国早期工业题材的美术作品中，钢包、钢钎的形象多位于画面的中心位置，展现了我国建设初期举国大力发展钢铁铸造的主题和内涵。

在中华人民共和国早期美术作品中，钢包形象常常出现在画面的醒目位置，表现了工人们正在实施浇铸作业的繁忙的劳动场面。如陈晓南1958年创作的版画《浇钢锭》，表现的是工人通力合作共同浇铸的场面。画面正中是一个巨大的钢包（图4–14），下方是一群忙碌的工人，这幅版画的主题反映了中华人民共和国成立初期工人们合力建设社会主义国家，发展本国钢铁工业的劳动热情。《钢》是亚明于1960年创作的国画作品，表现的是众人浇铸的场面，工人上方是正在移动的巨大钢包（图4–15），钢包用水墨手法表现出厚重的金属质感。易振生在1959年创作的《转炉车间》也表现了众人合力完成浇铸作业的场面（图4–16），钢包正在倾倒钢水，而车间里热气腾腾，工人们在钢包下方的浇铸模具旁认真忙碌；沃渣于1957年创作的版画《浇钢锭》中，巨大的钢包占据了画面的主体位置（图4–17），三位工人各司其职，一位在指挥，一位在移动钢包，一位正在搅动钢包下方模具中的钢水。《为了社会主义，献出我们最大的力量》这幅创作于1954年的宣传画中，工人们正在用工具将钢包移动到模具上（图4–18）并准备下一步的浇铸作业，流淌的钢水正注入模具中，非常炫目。上述作品中，钢包以具象的形式出现于画面的主体位置，旁边的工人们往往作为陪衬，钢包与工人们一同组成一幅热火朝天的劳动场面，展现了一幅热火朝天的铸造场景。

此外，在一部分工业题材美术作品中，钢包形象具有了抽象的寓意，如

图4-14 《浇钢锭》(1958)局部

图4-15 《钢》局部

图4-16 《转炉车间》局部

图4-17 《浇钢锭》(1957)局部

图4-18 《为了社会主义，献出我们最大的力量》局部

《公社如巨龙，生产显威风》这件宣传画，创作于1959年，作者采用了民间的艺术形式，一条龙的身上驮着象征工农兵的5个人，他们共同托举一个人民公社的聚宝盆，这个聚宝盆内装有麦垛、轮船、飞机，位于正中的就是钢包（图4-19），钢包中还迸射出火花，象征了中国钢铁生产的辉煌。《龙凤呈祥》（图4-20）创作于1959年，作者江枚，与《公社如巨龙，生产显威风》一样，也采用了民间艺术元素——龙、凤，画中一男一女，男人手捧钢包，钢包里飞升出一条龙；女人手捧一捆小麦，背后飞升出一条凤凰，很明显，女人、小麦和凤凰象征农业，男人、钢包、龙象征工业，展现了社会主义初级阶段工、农携手共同发展。在这些作品中，没有将画面设定在工厂车间或者搭配

图4-19 《公社如巨龙，生产显威风》局部

图4-20 《龙凤呈祥》

工人，钢包的形象代表了重工业，因此具有了钢铁铸造的寓意。

钢钎代表了炼钢工人的身份，在生产车间内繁忙的炼钢场景中，钢钎是必不可少的铸造工具，在中国早期工业题材美术宣传画中表现得尤为明显。如王柳影等创作了年画《乘风破浪各显神通》，这件作品中包含了各行各业的人，有农民、士兵、职工、少先队员等，走在队伍最前方的是一位工人，脚踏齿轮，手持钢钎（图4–21），象征了工业带动国家经济的发展，而工人作为行业的领头人，高举钢钎这个动作深刻地反映出炼钢作业在中华人民共和国成立初期经济建设中的重要作用。《热烈欢呼全国工业学大庆会议胜利召开》（图4–22）和《工业学大庆》（图4–23）这两幅创作于20世纪70年代的宣传画都反映了新中国建设需要提倡工业精神这一主题，画中的人物代表了新中国工业中的几个主要行业，而手持钢钎的工人形象在其中最为突出，宣传画表达了工业发展需要学习大庆的精神的这一主题，并由此激发全国人民的劳动热情。《只有社会主义才能救中国　只有社会主义才能发展中国》（图4–24）创作于20世纪80年代，前方的工人手握长长的钢钎，传递了炼钢工人在铸造领域的榜样地位。20世纪60年代发行的第三套人民币“五元炼钢工人券”中也有工人持钎的形象，这张五元纸币曾获得世界纸币协会授予的“年度世界最佳纸币”设计大奖。纸币因其正面是一位手握钢钎的炼钢工人图而被称为“五元炼钢工人券”，其背面是露天煤矿，煤炭、钢铁工业是中华人民共和国成立初期经济发展的重心。炼钢工人形象是由我国的钢板雕刻大师吴彭越先生设计的，他用浓重的交叉线条构成人物服饰，用笔直有力的斜线构

图4-21 《乘风破浪　各显神通》局部

图4-22 《热烈欢呼全国工业学大庆会议胜利召开》

图4-23 《工业学大庆》局部

图4-24 《只有社会主义才能救中国　只有社会主义才能发展中国》局部

成人物的面部阴影，仅用少量点线就从阴影部位过渡到了高光部位，利用这种强烈的明暗反差，衬托出炼钢工人果敢坚毅的表情。工人手握钢钎，重心前倾的姿势，沉稳里透出活力，炼钢工人形象刻画得栩栩如生，跃然纸上，钢钎所指之处，配以放射状底纹，使人仿佛看到了炉火通红，钢水四溅，轰轰烈烈的铸造场面。

无论是早期工业题材美术作品还是“五元炼钢工人券”，钢包、钢钎的形象都作为不可或缺的一部分，向大众诠释出关于“铸造”的文化语义。

三、钢包、钢钎的象征含义

图4-25 《祖国工业飞跃发展　吓得英国胆战心惊》

沈阳是重工业城市，钢铁铸造曾是沈阳重要的生产项目，特定环境下的钢包、钢钎形象自然而然地让人联想到钢铁铸造时热火朝天的景象，以及工人们干劲十足的奋斗精神。

在新中国早期工业题材美术作品中，钢包、钢钎二者的组合表达出新中国建设初期工人大炼钢铁、发展工业的劳动热情和奋斗精神。例如，《祖国工业飞跃发展　吓得英国胆战心惊》（图4-25）是1958年完成的一幅革命宣传画，作者是李平凡和平野，画面中炼钢工人手持钢钎，身后是正在浇铸的钢包，钢钎与钢包的组合展现了炼钢工人的劳动过程，也表达出工人在中华人民共和国成立初期大力发展钢铁事业的决心和热情。

钢包、钢钎是钢铁铸造工艺的一个缩影，是炼钢中必不可少的工具，这两个形象能够引导人们联想到曾经那段热火朝天、大炼钢铁的时代，以及工人们为建设中国而奋力工作的劳动热情，进而引领人们追忆铸造工业辉煌的历史。沈阳老工人任韶安曾这样形容沈阳铸造工艺的辉煌："天上飞的，地上跑的，水里浮的，无处不在，都有我们生产的铸件，从几十吨到几斤几两的都有，重矿机械、通用机械，军工、潜艇都做了很大的贡献，当时还有援外的任务，应该说我们这个铸件当时在全国是举足轻重的。"原沈阳铸造厂工程师李希东参与了最早的技术改造，他回忆道："我那时候搞粗砂气动锤，过去18个人干这个活，经过我们改造，2个人就能完成，减省体力劳动，产品质量还高，还节约能源。自1956年建厂以来，沈阳铸造厂累计为新中国各行业提供了总计150万余吨的铸件。一代产业工人以厂为家、艰苦奋斗、无私奉献、锐意进取，用60年的时间走完了世界发达国家近200年的历程。"

沈阳是一座重工业城市，尤其是铸造业历史悠久，17世纪中叶就出于军事需要锻造了铸炮等军工品。沈阳解放后，国家根据机械工业发展的需要，将沈阳重型机器厂、沈阳鼓风机厂、沈阳水泵厂、沈阳第三机床厂等企业的铸造生产整合后，规划组建了全国第一个，也是当时全国乃至亚洲最大的铸造企业。沈阳的铸造工业全国闻名是在1959年。1959年10月1日中华人民共和国成立10周年庆祝活动中，在天安门广场前接受检阅的钢锭和铸件几乎全部来自沈阳铸造厂。另外，了解沈阳铸造工艺所取得的辉煌成就，必须提到中国第一枚金属国徽。“在天安门城楼上的国徽是木质的，一经风吹日晒容易变形开裂，必须制造出金属的来替换。这一光荣的任务交给了沈阳第一机床厂，铸造技术尖子焦百顺被推举担此重任。……工厂设备简陋、工具落后，主要凭经验手工操作，从模具制作到浇铸成型，完成这样高精度的铸造工艺难度相当大。白大的压力焕发出无穷的动力。焦百顺和他的伙伴们发扬沈阳工人阶级无私无畏、敢闯敢拼精神，加班加点，夜以继日、不断探索，反复试验，硬是凭目测、手工操作的精湛技艺攻克了一道又一道难关、终于提前成功地铸造出十多枚不同型号的国徽。1951年5月1日，在人们欢庆国际劳动节那天，凝聚着沈阳工人阶级心血和智慧、饱含沈阳人民爱同深情的第一枚金属同徽悬技在天安门城楼上。”[1]铸造是装备制造业的基础工序，铸造工人用炽热的心、沸腾的血，浇铸出那个火红的年代，印记着沈阳一段辉煌的工业发展历史。钢包、钢钎出现在沈阳的工业现成品艺术中，能够激发沈阳人的联想和追忆，在这里，钢包和钢钎的形象可以让人们联想到炼钢的场面，从而引发人们对大炼钢铁时代的回忆以及对钢铁铸造时代劳动热情的怀念，而钢铁铸造的劳动热情正是沈阳工人们合力劳动，建设社会主义的满满热忱以及在艰苦的环境下不断坚持生产的奋斗精神。

钢包、钢钎与机床一样，是反映沈阳工业历史的重要物件，也是沈阳工业现成品艺术创作中的一个重要原材料。沈阳铁西区的《熔铸》直接采用了原沈阳轧钢厂的钢包（图4–26），作品展现的是钢包的浇铸过程，钢包的水口向前，微微倾斜，似乎正在倾倒钢水。铁西区劳动公园外也有以三个废弃钢包改造而成的艺术品中，钢包并列排放，上面还做了艺术性的处理，钢包内红色的材料设计成溢出状，象征着熔化的钢水，钢包下方是黄色的波浪状台座，此作品表现了三个倾斜浇铸的钢包涌流出钢水的瞬间（图4–27）。中国工业博物馆公共绿地上利用钢包创作而成的无名雕塑还原了钢包工作时的

[1] 刘迎初，吕亿环. 沈阳百年：1900—1999［M］. 沈阳：沈阳出版社，1999：70.

图4-26 《熔铸》采用的钢包

图4-27 劳动公园外现成品雕塑中的钢包

状态（图4-28），钢包被嵌在大理石台座中，略微倾斜，好似正在进行浇铸作业。沈阳还有用钢包改造而成的公共设施，如铁西区重型文化广场中直接利用钢包改造而成的花钵（图4-29），没有龙门架，只保留盛钢桶部分，内里培土，顶端种植着景观花卉。

在沈阳中山广场的雕塑群中，有手持钢钎的工人形象（图4-30），钢钎在这里是工人身份的象征。钢包、钢钎在沈阳的工业现成品艺术中出现较多，它们往往以组合的形式出现，例如沈阳的大型室外景观雕塑《持钎人》中就同时有钢包和钢钎的形象（图4-31），钢钎的形象采用了借用的手法，真实还原了炼钢中工人使用钢钎劳动的场面，但是钢包则用抽象的手法表现为不规则形式，两位工人手持钢钎，在他们的身后是红色的抽象钢包，红红

图4-28 博物馆绿地雕塑中的钢包

图4-29 广场花钵采用的钢包

图4-30　中山广场雕塑中的钢钎　　图4-31 《持钎人》中钢钎和红色抽象钢包

的钢水和纵深的立体空间表现了工人们正在劳动的场景。中国工业博物馆的新馆大厅浮雕中，工人们手持钢钎正奋战在炼钢的第一线，与上方正在浇铸的钢包一起展现了工人们在铸造时的劳动热情（图4-32），手持钢钎正在作业的两位炼钢工人身份不言而喻。在沈阳的工业题材艺术作品中，钢钎或垂直把手向上，或正在作业，而手握钢钎的人自然而然就是炼钢工人。

图4-32　中国工业博物馆新馆大厅浮雕中的钢包、钢钎形象

钢包、钢钎形象代表了沈阳曾经的铸造成就，体现出强烈的在地性特点。二者形象蕴含了“铸造”的语义，更映射出在城市的工业发展过程中工人们的奋斗精神和满腔热忱。

第三节　吊钩、齿轮形象的文化语义解读

沈阳的城市公共空间中还有一类工业形象，它们是对工业信息的记录，以吊钩、齿轮的形象为代表，它们没有直接反映沈阳曾经辉煌的工业历史，但是作为沈阳工业文化的组成部分，具有普遍性的含义，置于特定的场域[1]，在周遭环境的衬托下也能反映出一定的语义。

一、吊钩的文化语义解读

吊钩是常见的起重设备，作为吊具，它的功能是悬挂吊起成吨重的工业材料，也正由此，吊钩的形象具备了工业力量这一语义特征，而吊钩的形象置于特定的场域中，能够让人联想到工人的力量，即不怕困难、充满干劲的精神。

1．吊钩的功能含义

吊钩是起重设备中的一部分，是起重机械中最常见的一种吊具，吊钩常借助滑轮组等部件悬挂在起升机构的钢丝绳上。虽然它只是工业生产、起重、装备中的一个普通部件，但其在重型工业材料的搬运中的作用是不可或缺的，它能将成吨重的工业材料吊起并利用吊臂运至使用的地点。吊钩的力量不容小觑，可以悬挂吊起成吨重的工业材料，而吊钩所展现的这一特质也被延伸至艺术创作中。

2．吊钩的惯例含义

吊钩的形象一般会让人联想到力量这个词。吊钩所展现出的“力量”

---

[1]“场域”概念是布尔迪厄于1975年在《科学场域的特殊性》一文中提出的。1991年，他在与华康德合著的《实践与反思》中对场域理论作了透彻的理论阐述，此后，他把场域作为一个克服个人与社会、主体与客体、经验主义与理性主义等二元对立的理论工具，并广泛运用于政治、经济、文化领域的分析。这里的场域是指以铁西为代表的沈阳典型重工业区，虽然不再大量生产重工业产品，但是曾经的工业遗址、工人人口比例以及遗留下来的旧厂房、工厂设备、工业零件等都营造出一种浓厚的工业氛围，因此，在这个场域的现成品艺术更易引发人们对历史的关注以及对艺术主题的情感共鸣。

的概念在雕塑作品中也有所体现，例如黎明于1983年创作的雕塑《天地间》（图4–33），通过吊钩衬托出工人力量的强大，“一个巨大的吊斗自天而落，一个身材坚实、头戴安全帽的建筑工人正在指挥这个巨大的吊斗。和吊斗相比，人虽然微小，但是建筑工人双腿分开，巍然屹立在大地上，显示了无穷的力量。”[1]

在中国早期工业题材的美术作品中，吊钩形象出现的频率最多，虽然不是主体，但却是画中必不可少的一部分，同样具有表达语义的功能，人类使用吊钩完成大型的工程项目，通过吊钩这个形象可以感受到机械所蕴含的巨大力量。例如李桦于1959年创作的木刻版画《征服黄河》，表现的内容就是工人们团结一心共同建设水电站，画面中的工人数量众多，都在忙碌着，画面上方巨大的吊钩十分醒目（图4–34），它吊起厚重的钢材，将其运送到需要的地方，作品表达出借助机械的力量，工人们团结起来共同战胜困难的决心。洪世清于1959年创作的石版画《新安江水电站》中，吊钩吊起了巨型工业材料（图4–35），“画面用大透视的角度再现了当时水电站建设的宏伟场面，气势恢宏的混凝土大坝、巨大的排水管、通过起重物暗示出的巨型起重机吊臂都充分体现出新中国水利建设的业绩。”[2]张树云于1957年创作的版画《出钢》中，在热气腾腾的车间，巨大的吊钩将钢水吊至指定位置（图4–36），工人们正在下方忙碌着。亚明的国画《滚炉前》完成于1960年，这是用水墨语言表现工业题材的代表作，“画家速写般地完成了对车间主要设备及人物轮廓的刻画，描绘出一派忙碌然而井然有序的场景。”[3]在这幅画中，吊钩用墨色（图4–37）这种冷色调来表现，象征机械的冰冷，而工人用朱红色来表现，象征工人们的劳动热情，两种色调对比强烈。《机车整装》是杨云龙于1964年创作的水彩画，表现了工人们正在组装机车的劳动场面，在画面的上方，吊钩上挂着重型的机车零部件（图4–38），与正在紧张作业的工人们共同构成了紧张忙碌的劳动场景。在以上几幅作品中，吊钩的力拔千斤配合着干劲十足的工人们构

[1] 牛加明. 新中国美术经典80年代［M］. 武汉：湖北美术出版社，2004：56.

[2] 陈烨. 新中国美术经典50年代［M］. 武汉：湖北美术出版社，2004：166.

[3] 覃京侠. 新中国美术经典60年代［M］. 武汉：湖北美术出版社，2004：22.

图4-33 《天地间》中的吊钩

图4-34 《征服黄河》中的吊钩

图4-35 《新安江水电站》中的吊钩

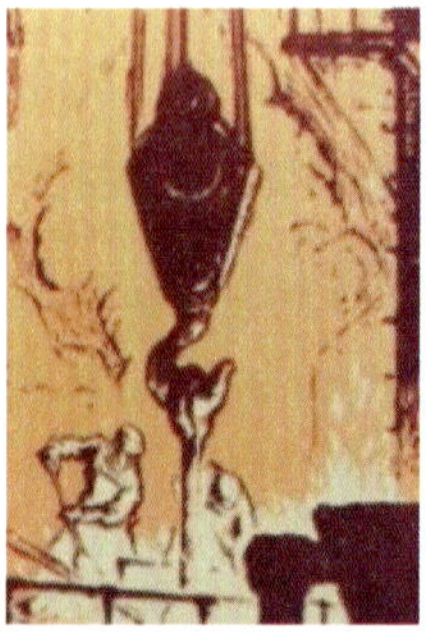

图4-36 《出钢》中的吊钩

图4-37 《滚炉前》中的吊钩

图4-38 《机车整装》中的吊钩

筑了作品的主题，即工人的力量与机械的力量联合起来能战胜一切困难。1970年的宣传画《中国人民有志气》（图4-39）中，工人位于对角线的左下方，具有一种稳定感，显示出工人的力量，右上角是吊钩，是机械力量的象征，工人与吊钩遥相呼应，体现出工人力量与机械力量这两种力量的融合；另一幅宣传画《高炉层层起　太行日日新》中，工人正在指挥吊钩作业（图4-40）。上述两件作品中，这些工作中的吊钩，或正在吊起重型材料，或在工人的指挥下运行，作为画面必不可少的构成元素，体现出机械的巨大力量。

3．吊钩的象征含义

吊钩的力量象征着工人的力量，即工人们充满干劲、不怕困难的工业精神，这正是近些年老工业城市再度振兴发展过程中需要不断提倡和鼓励的。

图4-39 《中国人民有志气》

图4-40 《高炉层层起　太行日日新》局部

图4-41 《力量》中的吊钩

沈阳近些年的城市发展需要借助工业的力量拉动地区的经济，这也迎合了老工业区改造与发展的宗旨。以《力量》为例，作品的放置地点是铁西广场，铁西区是沈阳的重工业区，从2002年沈阳对铁西区的改造开始，铁西区“综合实力跃居东北第一经济强区，2011年铁西地区生产总值突破1000亿元。”“铁西老工业基地改造成为辽宁老工业基地改造的典型代表和缩影。”[1]市民对老工业区改造的认知通过艺术作品得以强化，而《力量》借用了工业吊钩的形象进行等比例放大（图4-41），将其以巨大的体量表现出来，这种大体量所带来的压迫感也彰显了作品所蕴含的力量。而《力量》传达出的工业力量与精神是沈阳老工业基地改造的主题与精神动力，这是以铁西区为代表的老工业区的发展主题。在铁西区这个特定场域中，吊钩的形象预示着拉动铁西工业蓬勃发展，以这座城市曾经拥有的不怕困难的工业精神，寓意当下沈阳对老工业基地改造的决心和力度，唤起沈阳市民对于城市新面貌和新生活的热情。

---

[1] 荣伟东. 老工业基地改造中的思考与实践［M］. 沈阳：辽宁人民出版社：2014：2.

二、齿轮的文化语义

齿轮是一种传动零件，在工作中高速旋转是齿轮最大的功能特点，因此，齿轮可以表达有关“速度”的语义，且在特定的场域中，速度往往可以让人联想到随着城市及经济的快速发展人们所展现出来的积极向上的精神动力。

1. 齿轮的功能含义

齿轮是能互相啮合的有齿的机械零件，齿轮的结构一般包括轮齿、齿槽、端面、法面、齿顶圆、齿根圆、基圆、分度圆，它在机械传动及整个机械领域中的应用极其广泛。中国的齿轮制造业在世界上名列前茅，“十一五”末期，中国齿轮制造业年销售额达到1300亿元，在世界行业排名中达到世界第二。齿轮是最基本的具有传动功能的工业零部件，是带动所有设备转动的最基本的工业零件，齿轮间的咬合与旋转决定了设备的正常运转，齿根圆加上突出的轮齿使得齿轮的造型简洁却富有装饰效果，因此也成为诸多工业题材艺术品中的装饰元素。

2. 齿轮的惯例含义

齿轮具有快速旋转的特点，能够明确地表达出“速度”这一含义。在作品《乘风破浪　各显神通》（图4-42）中，冲在队伍最前面的是一位炼钢工人，他的脚下踏着一个巨大的齿轮，部分齿轮淹没在海中，可见齿轮正在飞速地旋转，它劈开海浪，工人脚踏着齿轮带领后面的队伍一起前行。齿轮是最常见的工业零件之一，其快速旋转的特性决定了它在艺术作品中可以传达出速度这一含义，尤其是在《歌颂祖国大跃进》中，工人脚下的齿轮配合着几道白光，

图4-42 《乘风破浪　各显神通》局部

如同风火轮一般将速度的含义表现得淋漓尽致。

3．齿轮的象征含义

速度往往可以让人联想到城市及经济的快速发展，在特定的场域，齿轮的形象可以激发人们积极向上的精神。

在沈阳，齿轮主要存在于道路、广场上的小型景观雕塑及装饰浮雕中，中国工业博物馆内的墙体装饰上也有齿轮的身影。这些齿轮非常容易识别，它们间接地向人们展现出沈阳这座工业城市的特色，同时也能引发沈阳市民的怀旧情绪。除此以外，齿轮还出现在沈阳的大型主题雕塑中，例如《速度》和保工街与建设大路交会西北角的景观雕塑：《速度》是一件主题雕塑，不断转动的齿轮如同滚滚向前的车轮一样（图4-43），象征时代的飞速发展，虽然是静态的雕塑作品，但却具有飞速的动感，齿轮象征过去，速度代表未来，整个作品寓意了铁西区在新的时代积极进取并不断向前；而另一件景观雕塑的两个齿轮竖向排列于中央（图4-44），上面是一个奔跑的人，左右两侧是两个圆圈，左边的圆圈内是一个拿着手提包正在快速前进的人，他的前进方向正好与上方奔跑的人相反，方向的相反形成了力的均衡，动感十足，这里的齿轮不仅具有装饰功能还具有表达含义的功能，与奔跑的人共同传达了市民积极向上的语义。

当下，沈阳作为老工业基地开启新的发展模式，齿轮的形象象征了老工业区快速发展的节奏，而这也让市民体会到沈阳意图摆脱老工业基地旧貌，全速向前发展的决心和勇气。联系到现成品艺术放置的场域，沈阳所有齿轮构成的现成品艺术均放置在铁西区，铁西区是沈阳作为老工业基地的缩影，

图4-43 《速度》局部

图4-44 齿轮组成的景观雕塑

是曾经著名的重工业区，它的再发展可以用快速两个字来形容，“从2002年开始改造以来，财政预算收入年平均增长34.5%，先后获得‘老工业基地调整改造暨装备制造业发展示范区’、‘中国改革开放30年开拓发展之路18个典型地区’、‘联合国宜居城市示范奖’等荣誉。”[1]当“速度”结合了特定的场域，含义就变得更加深刻，也更容易引起人们的共鸣，铁西区的改造不仅是经济上的快速增长，还是整体城市综合实力的快速提升，这些作为沈阳市民可以切身感受到的事实也使得人们更深刻地体会到城市的进步和发展。铁西区的发展代表了东北老工业基地的发展，也展现了未来老工业基地的发展步调，以及国家对重振老工业基地的决心和魄力。

吊钩和齿轮形象的文化语义与场域关系密切，将具有普遍意义的工业形象置于特定的场域，能够引发人们情感上的认同和共鸣。布尔迪厄曾说过：“强调惯习与场域都对文化文本或者‘符号商品’的生产产生复杂的、易变的影响。”[2]沈阳工业现成品艺术将铁西区作为特定场域，因为铁西区的工业氛围非常浓郁，工业现成品艺术在这个场域中能够迅速转化成城市的工业符号，象征并延续着沈阳这座工业城市的文脉。“沈阳铁西区是老工业基地的典型代表，是‘一五’期间建设起来的，集中了沈阳三分之二的工业资产、工业产值、工业利税和大中型企业，素有工业‘东北看辽宁，辽宁看沈阳，沈阳看铁西’之说”[3]，铁西区的工人比例是沈阳市内五区中最高的，1952年沈阳铁西区建成了中国最早的工人村，上下班高峰时，北二路上万人潮涌曾是沈阳一景。经济转轨后，铁西区的改造有目共睹，2007年6月9日，国家发改委和国务院振兴东北办授予沈阳市“铁西老工业基地调整改造暨装备制造业发展示范区”的称号。2008年，被列入改革开放30年全国18个典型地区之一，荣获联合国全球宜居城区示范奖。2009年，《铁西装备制造业聚集区产业发展规划》获得国家发改委批准标志着铁西区的再发展已经上升为国家战略。之后，铁西区被命名为“国家可持续发展实验区”“国家新型工业化产业示范基地”“国家

[1] 荣伟东. 老工业基地改造中的思考与实践［M］. 沈阳：辽宁人民出版社，2014：2.

[2] 理查德·豪厄尔斯. 视觉文化［M］. 葛红兵，译. 桂林：广西师范大学出版社，2007：77.

[3] 荣伟东. 老工业基地改造中的思考与实践［M］. 沈阳：辽宁人民出版社：2014：1.

科技进步示范区”“国家首批知识产权强区”“全国义务教育均衡化示范区”，入选“新中国60大地标”。“崇尚劳动、尊重创造一直是铁西领跑老工业基地振兴的主旋律。”[1]为数众多的重工企业、庞大的工人群体、相关配套设施、工人生活环境等营造出铁西区这个场域中特有的工业氛围，这个工业氛围中还包含了工人阶级的劳动热情和无私奉献精神，这种精神通过工业遗存得以传承。铁西区文体局党委书记侯占山说：“铁西区孜孜不倦地挖掘工业文化遗产，就是为了让工人阶级的无私奉献精神薪火相传。”[2]

小结

无论是机床、钢包、钢钎，还是吊钩、齿轮，都可以借鉴图像学的研究方法从功能含义、惯例含义和象征含义三个层级进行解读。其中，功能含义是现成品最初的用途，即功能，例如机床是生产母机，功能是生产、创造机器零件；钢包、钢钎是钢铁铸造用具，功能是配合铸造；吊钩是起重设备，功能是悬吊、搬运；齿轮是传动零件，功能是通过高速旋转带动设备运转。惯例含义是现成品形象的通用含义，笔者从相关的美术作品中找寻并挖掘同类工业形象的惯例含义，例如机床的含义是创新，而钢包钢钎的含义是铸造，吊钩的含义是力量，齿轮的含义是速度。象征含义是现成品背后暗含的工业精神，例如机床象征了自主创新的工业精神，钢包、钢钎象征了钢铁铸造的劳动热情，吊钩象征了工业、工人的力量，齿轮象征了老工业区快速发展的节奏下积极向上的精神动力。功能含义、惯例含义和象征含义共同构筑了工业现成品艺术的文化语义。

[1] 毕玉才，丁立功. 沈阳铁西：工人就是主人公［N］. 光明日报，2008-5-1.

[2] 毕玉才，丁立功. 沈阳铁西：工人就是主人公［N］. 光明日报，2008-5-1.

第五章
工业现成品艺术的审美特质

工业现成品艺术作为城市公共空间中颇具文化代表性的艺术品，题材上紧跟城市历史，能够反映本地工业的发展历程，彰显工业文化特色；创作上往往因地制宜，有效利用本地工业遗留物。这些现成品艺术被置于城市公共场所，市民可以近距离感受并体验，因此具有公共艺术的属性特征。随着城市的不断更新，作为审美主体的大众，在艺术参与度逐渐增加的同时，也发生审美的转向。本章主要包括两部分内容：第一，剖析工业现成品艺术，分析它所具有的属性特质；第二，从审美的角度分析工业现成品艺术的审美体验的转向，解读大众在欣赏城市公共空间中的工业现成品艺术时产生的特殊审美体验。

第一节　工业现成品艺术的属性

沈阳工业现成品艺术作为一种存在于城市公共空间中的艺术品，根植于城市工业历史文化，市民可以近距离接触并体验，因此具有在地性、公共性和艺术性三种属性。

一、在地性

沈阳作为典型的老工业城市，重工业的氛围尤为浓厚，在这座城市的更新发展中，因地制宜，直接利用本地遗留下来的工业遗存进行艺术再造，以一种更易为大众接受的艺术形式重新出现在城市的公共空间中，工业现成品艺术也因此具有“在地性”这一属性。

工业现成品艺术在沈阳的兴起是公共艺术本土化的典型案例。公共艺术在我国的兴起让城市变得更具活力。公共艺术原本是一个舶来品，改革开放后被引入我国，经历了一个由概念引入到社会认同的发展过程。设置在公共空间中，能够满足大众的审美意愿，这就是公共艺术，“公共艺术离不开两个必要条件：一是公共空间，一是公众参与。”[1]工业现成品艺术符合这两个

[1] 王洪义，公共艺术概论［M］. 杭州：中国美术学院出版社，2007：4.

必要条件，可以说，它是典型的公共艺术。

中国从20世纪90年代已开始对“在地性”问题展开讨论和研究，在地性研究是对公共艺术本土化发展的一种深入思考。“中国当代公共艺术的发展，从早期的政治化雕塑到城市美化运动，再到当下所提到的公共艺术的延伸，从正面和反面研究从城市精神到公共文化发展的过程中，既有中国城市建设的千城一面的同质化的普遍现象出现，同时也有旧瓶装新酒的陈腐观念，即后城雕时代架上思维的简单空间挪移，或是以公共艺术的名义从城市到乡村的直接转场的概念滥觞，种种现象构成当下中国公共艺术的常见病，症结所在是缺乏对中国当代公共艺术本土化发展的纵向思考和‘在地性’研究。近年来，公共艺术从开始的概念认知，到接受，到社会的广泛认同，已经逐渐发展成为在社会文化发展进程中获得关注的最具有现实意义与价值的当代文化理念与形态。”[1]

“在地”这个词的英文为Localization，国内常见的相关专业术语包括在地化、本地化，更强调地域特色。“在”是存在，“地”是地域，“在地”不仅是一个概念，更是一种创作理念，它是对一个地域文化、风土人情的发掘。这里需要对地域文化的理解和把握，地域文化即创作的核心，这也是当地人们生活体验的视觉形式再现，拥有地域文化特色的艺术创作更容易引起人们的心理认同，“归属感、共同体验的积淀，以及与一个地方相连的文化形式是一个地方文化的核心概念。”[2]在地性创作需要挖掘艺术作品本身的地域性、精神性内容。这些内容源于地域环境，包括当地的人文环境、生活方式、文化语境等。

工业现成品艺术之所以在沈阳兴起，和沈阳的工业文化息息相关。从19世纪末开始直至今日，经历了一百多年的发展，工业文化在沈阳有着渊源和传统，属于沈阳地域文化的重要组成部分，也是区别于其他城市的特色文化。因此，作为一种新的公共艺术形式，工业现成品艺术在沈阳有根深蒂固的文化根基，其艺术形式例如机床、钢包等形象能够转化成视觉符号，沈阳

[1] 武汉中央商务区建设投资股份有限公司编，新轴线武汉CBD泛海国际雕塑艺术季［M］. 武汉：湖北美术出版社，2018：352.

[2] 迈克·费瑟斯通. 消解文化——全球化、后现代主义与认同［M］. 杨渝东，译. 北京：北京大学出版社，2009：127.

作为“中国机床之乡”和铸造“共和国的骄傲”，这种直观的视觉符号可瞬间得到大众的认可，并引发公众的心理认同，从而产生强烈的归属感和自豪感。注入特色文化的现成品艺术是一种公共艺术，也是一种媒介，除了自身拥有的在地性属性外，还肩负着承载并传承城市历史文化的重任，而打造可视的本土视觉符号，重塑地方文化更是城市未来更新发展的必要手段。

二、公共性

选择能够引导大众反思城市历史文化的主题，采用能引发大众情怀的现成物作为创作主体，促使大众参与到艺术体验中，进而潜移默化地提升大众审美，这样的工业现成品艺术便具有了公共属性。

公共性在西方的历史演变经历了一个过程，由最初的古希腊古罗马人对公私领域的区分，到18世纪形成了关于公共的概念，直至哈贝马斯提出的“公共领域是一个向所有公民开放的，公共意见能够自由形成的空间。”在这个过程中，公共的含义和特性逐渐明晰。公共这个词与个人私密相对，在空间的划分上，除了个人私密性空间以外的活动领域都可以算作公共区域，公共性还包括公众权利的体现，即大众参与的权利。

艺术的公共性指“艺术的公开性、分享性和传播性，是艺术在介入社会，表达和呈现人类的普遍问题和情感时所具有的深度，以及引起人们持续关注和认同而达到的广度。”[1]公共艺术对公众的参与性、互动性以及社会认同的普遍性有着更高的要求。在艺术创作中，公共性主要体现在作品的主题和形式与大众审美相接轨。沈阳工业现成品艺术的创作均选择了和城市历史发展相关的主题创作，在形式上选择具有高辨识度的工业遗存，能够瞬间引发公众对城市历史文化的回忆和反思，潜移默化中提升了大众的审美。特别是现成品公共设施的设立，将现成品作为公共设施的一部分，吸引市民在城市公共空间中活动时驻足欣赏，并尝试体验，颇具沈阳特色。以铁西区重型文化广场为例，广场上设立了众多现成品公共设施，包括机床改造的长椅，

[1] 孙振华：艺术何以公共？2020.11.13. https://www.cafa.com.cn/cn/opinions/article/details/8329851.

钢包改造的景观花圃，齿轮轴承改造的跷跷板，长管改造的秋千等。这些设施摆放在开放的城市公共空间，吸引着大众参与体验，并在体验的过程中逐渐加深对城市历史文化的认知。

开放的空间、大众的参与、市民熟知的工业现成品，构成了沈阳工业现成品艺术的公共属性。在当代公共艺术创作中，如何体现公共属性至关重要，“公共艺术的基本观念之一是公共性，公共性在中国的提出具有划时代的意义。”[1]而沈阳工业现成品艺术在城市公共空间中的兴起为这一属性的确立提供了有力的案例支持。

三、艺术性

工业现成品艺术采用艺术的手段改造工业遗留物，所以它的艺术性特质显而易见。从杜尚开始，现成品作为一种艺术形式被赋予诸多含义。而工业现成品的媒介载体蕴含了工业文化信息，这类艺术品在展示的过程中能够引发大众的怀旧情绪和追忆，从而激发出更多的情感，这也是沈阳工业现成品的艺术属性的由来。

现成品艺术的历史可以追溯到马歇尔·杜尚，他是现成品艺术的开创者之一。1917年，杜尚试图把一个陶瓷小便池作为雕塑作品送到纽约美国独立艺术家展览会上去展出，并签名为“理查德·马特（R. Mutt）”，当然，他的作品被拒绝参展。随后，阿尔弗雷德·斯蒂格利茨（Alfred Stieglitz）摄影工作室为这个小便池拍摄了一张照片，并发表在纽约达达主义创办的《盲人》杂志上，立刻引起轰动。从而使这种新的艺术形式为世人所关注，评论内容有“是否是马特自己亲手做的这个泉并不重要，重要的是他选择了它。他将生活中的一个物品置于新的环境中，此物品的原来属性就被新赋予的属性所取代，这一物品也因此承载了新的理念。”[2]于是乎，赋予现成品新的含义和理念成为诸多当代艺术家进行艺术创作的手段，对他们而言，对一件物

[1] 杨贵妮．国际公共艺术家论生态［M］．上海：上海文艺出版社，2011：22.

[2] 约翰·A．帕克斯．艺术的法则［M］．刘壮丽，栾墨，译．沈阳：辽宁科学技术出版社，2018：146.

品进行重新认识并赋予其新的含义的过程就是艺术创作。从20世纪初的达达主义到50年代兴起的激浪派（Fluxus）都践行了这一创作手法，艺术与生活的界限变得越来越模糊，艺术与人的生存、人的心理联系更为紧密。“现成品艺术的极度开放性也成为这一艺术形式的一大诟病，当任何一种物品，甚至是所有物品，都可以成为艺术作品时，那么，对于‘什么是艺术’和‘什么不是艺术’的界定就变得极度混乱，观者更是对自己欣赏和参与艺术的方式感到无所适从。”[1]近些年，现成品艺术的创作越来越倾向于艺术家对自我、对整个社会的哲学思考，在形式上采用现成品与装置艺术的组合。20世纪90年代，英国青年艺术家群体（YBAS）在展览中运用现成品以传递个人的思考和经历，从而引起参观者的共鸣和思考。其中，翠西・艾敏（Tracey Emin）在1998年展出了《我的床》（My Bed），这件作品由艺术家还没有整理的床铺以及周围散落着的个人物件组成。作者试图在作品中讲述她的人生故事，关于她经历的分手以及分手后的颓废。床作为人们栖息的物品，也是一个载体，蕴含了人从生到死都离不开它的寓意。当然，这件作品争议性不小，主要由于不少观众无法接受作品的大胆直白，而且选择过于私密的现成品公之于众，也易引起视觉上的不适。那么，现成品艺术该如何发展并具有长久的生命力？沈阳的工业现成品艺术为现成品艺术在中国的呈现方式和发展前景提供了参考。

沈阳工业现成品艺术的定位是大众艺术，它的接受群体是大众，而不是艺术家群体，艺术不仅仅局限于艺术圈，而是回到生活圈，回归生活或本身，为大众和社会服务，这也是公共艺术所倡导和推行的。工业现成品艺术作为一种公共艺术，结合了现成品艺术与公共艺术的创作优势，既没有赋予现成品本身更多的哲学思考，也没有脱离大众审美，而是把它重新返还到大众的生活环境和空间中，关注大众的日常生活，将艺术用最通俗的形式表现出来，带给大众更多的参与体验，也燃起大众重新了解和认识城市历史的热情。

[1] 约翰・A. 帕克斯. 艺术的法则[M]. 刘壮丽，栾墨，译. 沈阳：辽宁科学技术出版社，2018：146.

第二节　公众的审美转向

过去，我国诸多城市在更新发展中不断追求庞大的体积和数量，在空间的审美上更迷恋大的实体，“反映在城市空间中，就是不管什么类型的城市都喜欢大建筑、大街道、大广场、大雕塑……，这种追求大的空间美学观在二十多年的中国‘城市化’的进程中，经过‘大干’‘快上’的人为催化，呈现出愈演愈烈的势头。”[1]伴随着城市更新，城市空间美学也经历“重生”。从城市更新的角度，这种体量大的实体消耗更多的自然和社会资源，再利用效果差，因此，城市公共空间需要大众审美转向，人为引导大众欣赏有别于这种庞大体量的视觉形式，例如以简单、质朴、体量小的艺术造型来满足审美需求，而工业现成品艺术的出现正体现了公众的审美转向。

一、场所精神的审美体验

工业现成品艺术作为城市公共空间中的公共艺术品，承载着城市的历史变迁和文化含义，它所存在的公共空间不单单是指城市的物理空间，而是包含这个城市所发生的一切人为故事以及精神层次的东西，能够激发社会生活的活力，这就是“场所精神”[2]。

关于场所的概念，20世纪70年代，诺伯舒兹（Christian Norberq—Schulz），在《场所精神——迈向建筑现象学》一书中阐明了“场所（Place）”[3]的概念。“‘场所’代表什么意义呢?很显然不只是抽象的区位（location）而已，我们指的是由具有物质的本质、形态、质感及颜色的具体的物所组成的一个整体。这些物的总合决定了一种环境的特性，即是场所的本质。”他之后又进一步解释道，“一般而言，场所都会具有一种特性或‘气氛’。因此

[1] 孙振华．广场操练［M］．天津：天津大学出版社，2009：197.

[2]“场所精神”是挪威城市建筑家诺伯舒兹于1979年提出的概念，着重于探究建筑领域关于精神层面的含义，强调环境对人的影响。

[3]“场所”这个字在英文的直译是Place，其含义在狭义上的解释是“基地”，也就是英文的Site。在广义的解释可谓“土地”或“脉络”，也就是英文中的Land或Context。

场所是定性的。”皮埃尔·布尔迪厄（Pierre Bourdieu）在《实践与反思——反思社会学导论》中提到的“场域”概念与诺伯舒兹有着异曲同工之妙，指人的生命本体与其所伴随的场所的统一体，是一种环境属性，相当于我们常说的“生活圈”[1]。两位学者对于场所的概念都透露着一种理念，即场所不是简单的物理空间，场所中理应包含更多的有关人的精神元素，这里必须提到一个词，即“场所精神”（Spirit of Place）[2]。场所精神可追溯至古罗马时期的“地方保护神”（Genius Loci）之说，这也是后现代建筑设计的核心理念，这个理念在当代城市建设中同样适用，人们在追求生活品质的过程中会不自觉地追求场所精神，因为场所精神是场所中所隐含的、深层次的东西，也是场所的魅力所在，有助于建造魅力场所，帮助人们栖居，产生“认同感”和“归属感”。而“归属感、共同体验的积淀，以及与一个地方相连的文化形式是一个地方文化的核心概念。”[3]因此，“城市并不是只是地表的构筑物，而应该包括其背后所隐含的历史、传统、文化、民族等一系列脉络。人和空间是无法分割的，他还形象地比喻这种关系‘恰像蜘蛛与它的网一般，每一个主体编织着其自身与客体特殊性质之间的关系，而后把这些股丝编织在一起，终了即可完成主体决然存在的基础’”[4]。艺术品的设置有助于场所精神的塑造，它在视觉上增加了市民生活的舒适度，突出了“场所精神”的体验性特征，当人们将这种场所精神具体化为建筑物时，人们能够“有意味的居住”，而将其融入公共艺术作品时，同样可以帮助人们认定“场所”，获得认同感和归属感[5]。

建筑理论家克里斯托夫·亚历山大（Christopher Alexander）提出好的设计理论是如何构造出人与空间的共同语言，促进人与人、人与环境的永恒对

[1] 皮埃尔·布尔迪厄．实践与反思——反思社会学导论［M］．华康德，译．北京：中央编译出版社，2004：134.

[2] 诺伯舒兹．场所精神——迈向建筑现象学［M］．施植明，译，武汉：华中科技大学出版社，2010：7.

[3] 迈克·费瑟斯通．消解文化——全球化、后现代主义与认同［M］．杨渝东，译．北京：北京大学出版社，2009：127.

[4] 诺伯舒兹．实存空间建筑［M］．王淳隆，译．台北：台隆书店，1985：172.

[5] 吴卫光．公共艺术设计［M］．上海：上海人民美术出版社，2017：70.

话[1]。空间，一方面是功能性的；另一方面是精神层面的。公共空间不只是众多个体空间的集结，还是一个可以让人相遇、相互聆听的空间，一个含有视觉与听觉的空间。只有功能和精神相融合，才能使生活于其中的人们有归属感和认同感。人们在生活的环境中找到认同感，这需要他们所处的环境具有一定的文化内涵，城市公共空间不是简单的空间搭建，而是场所的营造，包括城市的历史脉络，这也是城市存在的意义。

在这个城市公共空间中，“艺术可以作为人与人、人与远近自然及人文环境之间密切互动关系的永续经营与调整的重要媒介，也就是说，艺术可以成为不断改变形态的‘公共空间’的促成媒介。”[2]它对城市的公共空间，包括社区、广场、街道等不同区域起到美化和调节的作用，满足人的需要，艺术因人而作，为人提供心灵的自由空间，工业现成品艺术作为一种媒介在城市的公共空间中产生意义，审美渗透进市民的生活中，为市民提供有趣的生活，促进大众精神的萌发，潜移默化，以最通俗的艺术形式带领市民共同体验场所精神。

二、日常生活的审美转向

随着城市不断更新，公众对于城市公共空间的需求不断增加，在精神层面上表现为日益增多的大众审美需求，而沈阳工业现成品艺术的兴起体现了审美发展的新趋势——艺术生活化。“艺术的生活化、世俗化现实直接催生了审美体验方式与美学理论话语的转型。”[3]

工业现成品艺术将现成物稍加改造，将艺术生活化，带动了审美体验方式的转型。审美是人类的基本活动之一，在审美活动中，人是审美活动的实施者，即审美主体，人在审美活动中居于主导地位，审美体验即是人在审美活动中所生成的一种心灵体验。工业现成品艺术的兴起是当代“日

[1] 克里斯托夫·亚历山大．建筑模式语言［M］．王听度，周序鸿，译．北京：知识产权出版社，2002.

[2] 卡特琳·格鲁．艺术介入空间［M］．姚孟吟，译．桂林：广西师范大学出版社，2005：7.

[3] 李雷．公共艺术与空间生产［M］．北京：文化艺术出版社，2021：20.

常生活审美化”的体现。1988年，迈克·费瑟斯通（Mike Featherstone）在新奥尔良大众文化协会大会上发表演讲，题目为《日常生活审美化》（*The Aestheticization of Everyday Life*）。他提出，日常生活审美化消解了艺术和生活之间的距离，生活转向艺术的同时，艺术也转向生活。费瑟斯通在其著作《消费文化与后现代主义》中就阐释了日常生活审美化的三层含义：第一，艺术的边界向生活不断扩张，于是“大众文化的琐碎之物，下贱的消费商品，都可能是艺术”[1]；第二，当下艺术领域正向生活扩张，正逐渐将生活转化为艺术作品。现成品艺术的出现及发展演变就是例证；第三，消费文化盛行导致了影像艺术成为日常生活的主流形式。简而言之，工业现成品艺术的兴起印证了日常生活审美化这一理论，即艺术转向日常生活；大众审美的不断提升；越来越多的现成品成为艺术创作的元素。“美学和艺术不再是少数人的特权，转而成为公共的资源。同时，日常生活审美化也提升了人们的审美趣味，培育他们不断追求美好生活的内在冲动。”[2]艺术不再与生活隔离，艺术可以为人们的日常生活做点什么，社会的进步，城市的高速发展，人们精神生活应随之丰富，日常生活中所缺少的可以用艺术来补足。工业现成品艺术在城市公共空间的出现，关于它的主题、形式、所传递的文化含义、对大众审美的提升正是一种补足。

另外，工业现成品艺术在大众审美体验的过程中也激发了社会功能——记忆功能，随着城市的发展，这种功能愈加明显。作为特定的场域，城市每天都在上演着人世百态，作为主角的人在城市中所做过的事件终将成为城市的记忆。工业现成品艺术用艺术的形式保留了属于城市的记忆，为城市的更新发展提供了别样的助推模式。工业现成品艺术拥有承载城市记忆的功能，“城市记忆，或者说社会记忆是一个非常吸引人的问题。一般认为，记忆属于个体的心理功能，但是，经验告诉我们，还有一种群体的记忆，或者叫社会的记忆。社会的记忆是一场空间的争夺战，战争在时间中进行，作战的双方是遗忘和保持。”[3]记忆的内容不应只存在于影像和文字中，艺术可以在这

[1] 迈克·费瑟斯通. 消费文化与后现代主义［M］. 刘精明，译. 南京：译林出版社，2000：96.
[2] 周宪. 审美现代性批判［M］. 北京：商务印书馆，2005：437.
[3] 孙振华. 广场操练［M］. 天津：天津大学出版社，2009：155.

里做些审美，艺术赋予历史新的含义，也从历史中获得新的意义。当下，保持和传承固有文化是城市建设的重点，人们意识到保持和传承的重要性，在各项建设中也融入这种意识。

美学理论话语的转型来自对日常生活的探讨。20世纪五六十年代以来，艺术审美越来越走向大众，这是一个发展趋势。人类的日常生活成为美学研究的热门话题，由此出现了“人类生活美学”，它已成为当代美学在拓展范围时集中探讨的热点之一。20世纪以来，美学不再是过去精英知识分子的话语方式，不再像过去那样高高在上，而是越来越关注世俗生活，关注人们的日常。美学与人的现实生活、人的具体的生活情境关联更加紧密，美学回归到现实生活，是审美转向的使然。“实际上，‘生活美学’，不仅是一种关乎‘审美生活’之学，而且更是一种追求‘美好生活’的幸福之道。前者之‘学’是理论的，后者之‘道’则是践行的，二者恰要合一，这就是美学上的知行合一。”[1]生活美学的研究重点转向人们的日常生活。回溯美学的发展历程可以看出，生活美学在我国植根于本土传统，代表的新世纪中国美学的所谓“生活论转向”，从20世纪50年代开始追问“美的本质”问题到90年代追问“本体论”，21世纪之后开始探索“生活论转向”的新视角。生活美学成为中国美学未来发展的一条可行之路，不同于旧有的美学形态，从而为新世纪的中国美学找到新的发展之路。

当今中国社会与文化的变迁，民众对美好生活的追求，构成了生活美学了兴起的历史背景。我们所追求的美好生活应该包括两个维度：一个是“好生活”，另一个则是“美生活”。好的生活是美的生活的现实基础，美的生活则为好的生活的升华。好的生活无疑就是有“质量”的生活，而美的生活则是有“品质”的生活[2]。以有品质的生活来升华有质量的生活，并对人民大众进行生活美育的普及。工业现成品艺术对大众审美的提升是生活美育普及的艺术实践。

[1] 刘悦笛. 生活美学：为生活立“美之心”[N]. 光明日报，2019-7-15-(15).

[2] 同①.

小结

本章深入挖掘工业现成品艺术的审美特质。第一节重点剖析了工业现成品艺术的属性，从在地性、公共性、艺术性三个方面来构建工业现成品艺术的审美特质。第二节讨论公众审美的转向问题，包括两个方面：一方面从场所精神带来的审美体验来分析空间的精神层面功能。当人们身处某种空间环境时，往往会产生各种各样的感受和联想，以致影响情绪及志趣。沈阳工业现成品艺术周遭的空间环境包括自然环境和人文环境，人们审美体验的过程夹杂着对人文环境的认知，这就是场所精神所带来的审美体验。另一方面，从审美体验和美学理论的转型探讨公众审美的转向问题。探讨工业现成品艺术如何印证“日常生活审美化”的理论观点。美学领域，对于生活美学的热门讨论更代表了审美的转变。

第六章
工业现成品与城市“升级再造”

升级再造是指一种创作手段，通过创新的手段转换现成物品的功能，将其再造成具有崭新价值的物品，这是绿色的环保方式。工业现成品艺术正是将工业遗存中已经丧失使用价值的工业器械、零部件、报废车辆等通过艺术再造的方式转化成城市的公共艺术品，从而使它们拥有新的价值，这就是一种升级再造活动。城市更新需要升级再造活动，包括通过一些具体举措的实施，进而实现城市的升级转型，最终实现重新焕发城市活力的目的以及实现城市的整体繁荣。本章内容首先阐述老工业城市中的升级再造活动及其对老工业基地再次振兴的助力作用；其次从环保、文化、经济、视觉四个维度分析工业现成品艺术在城市升级再造中的展开情况。

第一节　老工业城市“升级再造”

中国的老工业城市目前都面临同一个境遇，那就是原本以工业为驱动核心的城市，如何在新的时代背景下通过具体的手段和措施以寻求城市的新发展？在这个过程中需要找寻一些切实有效的手段以实现老工业城市的复兴，升级再造无疑是其中最为环保的绿色手段。

一、城市的“升级再造”活动

升级再造是通过转换废弃物功能并将其改造成新的更具价值的物品，其手段是绿色环保的，升级再造对环境有着积极的影响，因为升级再造可以更好地代替循环再利用。之所以提倡升级再造，最大的原因就是它对环境的积极作用，因为那些原本要被丢弃的物品得到了新生，可以说，升级再造是一种再生设计的手段。升级再造作为一种绿色的手段为城市更新[1]提供了一个解决城市资源再利用问题的途径。

---

[1] 在英国，城市更新又被叫作城市重建（Urban regeneration），在美国，城市更新被称为城市复兴（Urban revitalizatin）。

城市更新的历史由来已久，自人类开始在城市居住以来就有了城市更新，可以说，“自城市诞生之日起，城市更新就作为城市自我调节机制存在于城市发展之中。”[1]城市更新是“一种土地再开发项目，目的是缓和城市用地的紧张，它兴起于发达国家，20世纪40年代后期出现的较为集中。城市更新的项目不仅包括商业区迁移、建筑物拆除和人口再安置，还包括政府利用土地征用权将一些私有物产纳入公共建设项目中来。城市更新项目不仅兴建了诸多的城市风景线，也在世界城市历史和人口统计学领域扮演着重要的角色。”[2]1958年8月，在荷兰海牙市召开了城市更新第一次研究会，会上对城市更新作了以下的阐述：“生活于都市的人，对于自己所住的建筑物，周围的环境或通勤、退学、购物、游乐及其他的生活，有各种不同的希望与不满，对于自己所住的房屋的修理改造，街路、公园、绿地，不良住宅区的请除等环境的改善，有要求及早施行，尤其对于土地利用的形态或地域地区制的改善，大规模都市计划事业的实施，以便形成舒适的生活，美丽的市容等，都有很大的希望，包括有关这些都市改善，就是都市更新（Urban renewal）。”[3]城市更新在西欧大致经历了五个阶段，更新的重点也逐渐发生变化，从20世纪40至50年代的城市重建，60年代的城市复苏，70年代的城市更新到80年代的城市再开发和90年代的城市再生，如从最开始的景观绿化到可持续发展理念的介入，尤其到了90年代，对环境手段和物质更新重点方面的关注更为明显，西欧城市更新所经历的历史以及相关的措施手段值得我国城市借鉴，城市更新中选择何种手段以促进可持续发展也成为一大挑战。如今，我国不少城市正在不断寻觅新的具体有效的方式以促进城市的可持续发展，而升级再造作为一种绿色的手段，为城市更新提供了一个解决城市资源有效再利用问题的途径。升级再造可以作为一种艺术创作手段，如针对生活中现成物的艺术改造的方式。在艺术领域，杜尚最早采用了这种手段将生活中的现成物创作成艺术品，杜尚的行为打破了艺术与生活的界线，他的《自行车轮》以及著名的《泉》就是代表。另外，达达主义艺术家兼摄影家曼

[1] 阳建强．西欧城市更新［M］．南京：东南大学出版社，2012：23.

[2] 张玲．公共艺术关键词［J］．公共艺术，2016（4）：44.

[3] 于今．城市更新城市发展中的新里程［M］．北京：国家行政学院出版社，2011：2.

雷（Man Ray）曾在《礼物》（Gift，1921）中加入了金属，《别烦我》（Emak Bakia，1927）中加入了木头和马毛，生活中的废物成了艺术作品中的构成元素。而另一位达达主义艺术家柯特·舒维特（Kurt Schwitters）采用拼贴或集合的手段，使现成物拥有了更高的美学价值，例如他的《莫斯堡》（Merzbau）就是对木头和塑料的再利用。之后，以博伊斯为代表的激浪派和劳森伯格为代表的波普艺术家们进一步拓展了这种创作手段，特别是劳森伯格，他热衷于搜集各种废弃物并使这些废弃物重新焕发生机。由此可见，通过艺术的手段升级再造，现成品可以实现身份的转换，从而提升其价值。以沈阳为例，沈阳在城市景观改造中对工业现成品的改造就是一种升级再造，工业现成品艺术通过并置、堆叠、重置、集合、上色及借用六种艺术手法将废弃的工业品打造成全新的现成品雕塑或公共设施，工业现成品也由此成为艺术品，具有更高的价值，身份的转换为现成品艺术介入城市公共空间提供了条件。

城市更新活动的目的是将城市中已经不适应现代化社会生活的地区进行必要的、有计划的改建，除了城区规划外，城市更新活动还包括对历史文化遗存的保护和的复兴。追溯西方的城市更新历程可以看到，“西方城市更新基本上是沿着清除贫民窟—邻里重建—社区更新的脉络发展，而指导旧城更新的基本理念也从主张目标单一、注重形体、内容狭窄的大规模改造逐渐转变为主张目标多元、内容丰富、史有人文关怀的城市更新理念。”[1]，另外，自20世纪90年代以来，西欧城市更新在物质更新的重点上比以往更重视传统和文脉的保持。随着生产力的不断发展，城市人民生活水平的不断提高，城市的职能势必做出调整和变化以适应新的城市需求，提升城市配套环境的档次，改善陈旧、老化的现象。对于一些老城来说，城市更新不是简单的推倒重建，而是一种新陈代谢，这就是有机更新[2]，有机更新的内容包括对城市固有景观资源和人文资源的保护和继承，而升级再造活动中对既有城市资源的有效再利用是实现城市有机更新的一种有效途径。通过升级再造活动，有

[1] 王波. 城市再造基于中原600万平方米旧城改造项目之践行［M］. 北京：中国海关出版社，2009：35.

[2] 由吴良镛教授提出，认为从城市到建筑，从整体到局部，如同生物体一样是有机联系，和谐共处的，主张城市建设应该按照城市内在的秩序和规律，顺应城市的肌理，采用适当的规模，合理的尺度，依据改造的内容和要求，妥善处理目前和将来的关系，在可持续发展的基础上探求城市的更新发展，不断提高城市规划的质量，使得城市改造区的环境与城市整体环境相一致。

效再利用城市资源，能够最大限度地发挥它们的价值，沈阳的工业现成品艺术就是城市升级再造的产物，利用既有的工业文化资源，通过创意的手段升级再造，将工业现成物打造成具有历史、文化价值的城市公共艺术，进而带动城市的文化创意产业和城市的工业文化旅游，间接地促进了城市的经济增长。城市的更新需要升级再造活动，特别是在老工业城市的更新中，对工业遗存的有效再利用是城市升级再造活动中的一个重要环节。

二、升级再造与老工业基地的再次振兴

从宏观角度看，老工业基地再次振兴的途径包含了两方面内容：一方面，通过老工业城市的功能和产业的升级进而实现城市综合实力的升级；另一方面，通过改造、改建、重建以及对文化遗存的维护、保留等方式实现老工业城市的全面振兴。从微观角度看，老工业基地在实现再次振兴的过程中，升级再造作为一种具体、切实的手段，具有易操作的特点，对工业现成物的升级再造无疑是保留老工业城市固有文化的一种有效途径。

进入后工业时代，传统制造业在城市中的比重日趋下降，并逐渐被新兴产业所取代，这导致了传统老工业城市的迅速衰落，如英国伦敦、德国鲁尔等一些曾经的传统工业中心，由于传统的工业生产方式解体所引发的后果是经济生产总值下降，城市便不可避免地开始走向衰退。为了解决老工业城市的衰退问题，人们在不断寻求一些切实可行的改造方式以实现老工业区的经济复兴，为老工业区的发展注入新的活力，德国鲁尔区改造就是一个典型的成功案例。德国的鲁尔区曾经是举世闻名的重工业区，面积近4600平方千米，区内城镇密集，人口达570万人，5万人以上的城镇就有24个，其中埃森、多特蒙德和杜伊斯堡三座城市的人口均在50万～100万人，直接参加工业生产的人口多达200余万人，采矿、炼焦、炼钢、机械制造、能源、纺织和化工业极为发达，形成了一条沿着莱茵河和利珀河布局的世界少有的工业城市带。但是随着时代的转变，新型的生产技术和方式不断涌现，全球的工业布局出现巨大转变，鲁尔区面临着较严重的功能衰退和竞争优势丧失的困境。自20世纪70年代开始，鲁尔区实施改造，包括调整产业结构，大力发展新兴产业。在具体的改造过程中，充分利用工业区遗

留下来的工业遗迹和遗物，以创意性的手法，使这些反映人类历史进程的工业遗存实现华丽转身并重放异彩。鲁尔区的改造一直秉承着一个核心思想，即“整旧如旧”[1]，尽可能原汁原味原地保留工业区的固有特色，于是工厂的厂房、厂区以及工业遗物都成为改造的对象。在改造过程中，被拆除的大量废旧设施材料也尽量利用，以减少现代建材的使用，也由此催生出工业遗产的旅游开发项目，实现地区新形象的重塑，鲁尔工业区的振兴计划为全世界的旧工业区改造提供了范本，也是重工业城市成功改造转型的经典案例。鲁尔区改造成功的案例值得我国借鉴，目前，我国传统工业制造业的衰退在老工业基地表现得尤为明显，而衰退的症状与鲁尔区有相似之处，中国的老工业基地“是一个经济区域范畴，一般是指那些在中华人民共和国成立前及成立初期（主要是‘一五’时期）所形成的对工业化起步产生过重要影响、门类比较齐全、产业相对集中的工业城市，主要包括东北老工业基地（以沈阳、长春、哈尔滨为中心）、西北老工业基地（以西安为中心）、西南老工业基地（以重庆为中心）、华中老工业基地（以武汉为中心）和上海老工业基地。”[2]老工业基地是我国计划经济时代的产物，它们曾经为推动国家建设，实现工业化转型做出巨大贡献，为国家加快工业化进程提供设备、技术，以及大量的资源和资金支持。但改革开放后，我国实行市场经济体制，老工业基地由于产业升级缓慢，工业装备落后，产业技术含量低，缺乏市场竞争力，而逐渐走向衰落，这导致了大量的工厂倒闭、工人下岗，因此，老工业基地改造的任务迫在眉睫。关于重振老工业基地，《国务院关于进一步实施东北地区等老工业基地振兴战略的若干意见》（国发〔2009〕33号）中提出要“加大文化遗产保护力度，扩大对外文化交流。大力发展旅游业，抓紧研究出台东北地区旅游业发展专项规划，加强旅游基础设施建设，发展一批特色鲜明、吸引力强的旅游目的地。”另外，《国务院关于近期支持东北振兴若干重大政策举措的意见》（国发〔2014〕28号）中更是提到：“加强旅游设施建设，提升旅游业竞争力，打造大东北旅游品牌。扶持东北地区文化创意、影视出版、演艺娱乐等文化产业发展。”利用工业遗存开发工业文化旅

[1]“整旧如旧”是近几十年来中国建筑遗产保护与整修最常用的概念之一。梁思成先生所倡导的“整旧如旧”正式提出是在发表于1963年7月《文物》杂志的《闲话文物建筑的重修与维护》一文中。

[2] 路通. 老工业基地振兴中的新型技术改造战略［M］. 北京：科学出版社，2011：19.

游业和文化创意产业成为老工业基地再次振兴的一个重要发展方向。

作为典型的东北老工业基地城市，沈阳的改造无疑具有典型性和代表性。1981年国务院批准的《沈阳第二轮城市总体规划》（1979—2000年）中强调调整工业布局和住宅布局，全面改造旧区，积极治理环境。可以看出，第二轮规划的重点是旧区改造。到了2000年，国务院批准的《沈阳第三轮城市总体规划》（1996—2010年）中提到将城市的中心南移，城市发展重视生态环境的建设。同时重点发展第三产业。第三轮规划中更加重视城市的生态环境建设。而《沈阳第四轮城市总体规划》（2011—2020年）草案中提到："规划以保护街区历史风貌的整体性与真实性为基础、以适应时代发展需求为导向，逐步改善街区环境与设施，通过丰富街区功能带动文化复兴、活力提升，强化持续利用，弘扬'劳模精神'，建设现代人文发展新地标，重点保护空间格局与建筑风貌，包括工人住宅、街坊式空间格局、相关历史构筑物及历史树木、以劳模精神为代表的工人居住文化等内容。"由此可以看出，对老工业基地固有风貌的保留和对工业遗存再利用是最新城市规划的内容之一，尤其是工业遗存，这是工业文化的承载，是城市文化的重要组成部分，它们深深根植于这座城市的历史之中，是历史的见证。城市历史是一个持续累积的过程，每个时代都会留下自己的印记，城市文化在这个过程中不断地生成，进而升华，保持了城市记忆的连续性，这也是城市存在的根本。近些年，沈阳对工业遗存的保护和再利用愈加重视，围绕着工业遗存兴起的文化创意产业在沈阳逐渐兴盛，例如位于铁西区的1905文化创意产业园就是其中最具代表性并且商业经营较为成功的案例。对已有资源的升级再造使得沈阳逐渐实现城市转型，通过利用文化创意产业和工业文化旅游带动城市经济发展，从而带动老工业基地的全面升级。这里的升级不仅包括物理意义上的升级，还包括整个城市在精神气质方面的升级，通过城市的升级再造，达成老工业城市重新焕发活力、再次发展的目标，最终实现城市的整体繁荣。

城市更新是一个不会完结的过程，它时刻进行着新陈代谢，在新的时代不断补充着新的需求和功能。因此，协调城市的历史文脉与城市新功能永远是城市发展过程中的伴生问题。老工业基地的再次振兴需要发挥自身的优势，而这个优势就是固有的工业文化。以沈阳为例，沈阳的优势就在于浓厚的工业文化背景以及遗留下来大量的工业遗存，这是沈阳的财富，利用工业遗存改造而成的工业现成品艺术正是沈阳对固有文化的保留和延续，在工业主题的文化创意产业和旅游业带动下，工业现成品艺术崭新的价值得以体现，这也有助于老工业基地的再次振兴。

第二节　环保维度之“升级再造”

工业现成品艺术是对废旧的工业设备、机器、零部件等现成品的创造性再利用，这些工业废弃品已然失去了使用价值，但是通过再利用，尤其是运用艺术的手段改造后，旧物产生了全新的价值并成为一件艺术品。这种对旧物的改造是一种低碳、环保、绿色的创作方式，既有利于资源节约，又有利于历史传承。

一、旧物改造的环保新理念

旧物改造曾经是物资缺乏年代人们的一种生活方式。如今，随着城市更新的不断推进，它又再次回到人们的生活中，因为人们开始意识到地球资源的不可再生，环保理念在新的时代也有新的变化，这就是“从摇篮到摇篮”[1]的环保新理念。

人类生活过程中产生了大量旧物，这些旧物很快成为垃圾被处理，资源从被开采到制成成品最后进入垃圾场，最终完成了它的使命，这就是从摇篮到坟墓的过程。“设想现在您来到了一座常见的垃圾填埋场前，旧家具、旧的室内装修物、地毯、电视机、衣服、鞋子、电话、计算机、合成产品和塑料包装物，还有有机废物如尿布、纸张、木块、食物垃圾。这些物品中的多数都曾是由值钱的材料制成的，这些材料需要人类花费物力和财力去开采和制造，这曾是上亿美元的物质资产。实际上，可生物降解的物品如食物垃圾和纸张仍旧具有利用价值，它们能够分解并把生物养分返回到土壤中。不幸

[1] 从摇篮到摇篮（Cradle to Cradle），是指向大自然学习，所有东西皆为养分，皆可回归自然的理念。

的是，这些都被随意地堆积在垃圾填埋场中，在这里它们的价值没有能够得到再利用。它们是工业体系的最终产品，这种工业体系的设计是一次寻求直线型的、单方向的‘从摇篮到坟墓’的模型。资源经过开采，制成产品卖掉，最后在某种‘坟墓’中（通常是垃圾填埋场或者焚烧）处理掉。”[1]从摇篮到坟墓的模式促使人们追求一种能放之四海而皆准的解决方案，也带来了千篇一律的城市设计风格，例如国际主义风格，然而，“这种国际主义风格渐渐演化成了流于平庸的风格：呆板、单一、没有地方特色（不考虑当地的文化、自然条件、能源和物质循环）的建筑结构”[2]，也导致了全球诸多城市具有相似的风格特征，城市的固有文化被掩埋在统一的风格之中。时至今日，从摇篮到坟墓的生产模式已经不适于当今城市的发展，而可持续发展[3]逐渐成为城市发展的主流，可持续发展的一个重要内容就是环保，于是乎，城市建设开始提倡环保的行为，旧物改造正是在这样的背景下重新得到人们的关注。20世纪在物资匮乏的年代，人们就会再利用身边的一切物品，不断进行旧物改造，直至物品完全失去使用价值。有句口号叫做“旧物利用，变废为宝”，非常朴素的话语却传达出旧物改造的环保理念。旧物改造顺应了节约、环保这个时代的主流，二手市场的活跃，DIY[4]的热度都说明了旧物改造的环保理念已经被植入人们的脑海中。在美国，如易集网（Etsy）或拼趣网（Pinterest）上就有大量旧物改造的案例，旧物改造已经逐渐成为人们日常生活中的一部分。环保的新理念正在迅速地得到推广，从摇篮到摇篮这种环保新理念强调循环经济的作用，也引发了人们对“再利用”和“再设计”观念的思考。

工业现成品艺术正秉承了“再利用”的理念，是对工业废弃物的再利

[1] 威廉．麦克唐纳，迈克尔．布朗嘉特．从摇篮到摇篮：循环经济设计之探索［M］．中国21世纪议程管理中心中美可持续发展中心，译．上海：同济大学出版社，2005：24.

[2] 同①：26.

[3] 可持续发展是指在发展中，既要考虑到当前发展的需要，满足当代人的需要，又要考虑未来发展的需要，不对后代人满足其自身需要构成危害性的发展，不要以牺牲后代人的利益为代价来满足当代人的利益。

[4] DIY是在20世纪60年代起源于西方的概念，原本是意指不依赖或聘用专业的工匠，利用适当工具与材料自己来进行居家住宅的修缮工作。

用，通过改造将其转化成城市的公共艺术。原工业废弃品已然失去使用价值，随着工厂的拆迁，对这些工业废弃品的处理成了当务之急，通过废品变卖和其他途径的金属制品回收处理会抹掉它们的价值和旧有时代的气息，这也是对文化的抹杀，因为不少工业现成品具有一定的历史价值，改造成艺术品后更是提升了这些废弃品的价值，使之摆脱被降级处理的命运，并且通过艺术的手段重新焕发了新的生命。工业现成品艺术不是批量生产的工业产品，而是对旧物的创造性再利用，因此具有鲜明的不可复制性，如在沈阳重型文化广场利用废旧零件、设备改造成的公共设施，特点鲜明，反映出沈阳的重工业特色，这是沈阳独一无二的景观。

二、绿色改造的意义

旧物改造秉持了物品再利用、资源回收再生的环保理念，是一种绿色的改造方式。当今城市面临着资源的日益紧缺以及因为快速发展而导致的环境污染问题，而绿色改造作为一种环保手段是解决此类城市问题的途径之一，有助于城市实现可持续发展。

工业废弃物的改造属于城市绿色改造的一部分，旧物改造体现了创造力的结果，改造的实践活动推动了文化创意产业的发展，文化创意产业的核心是创造力，通过产业的方式将文化更好地开发并营销，促进了文化创意产业的兴旺。例如沈阳的1905文化创意产业园，就是利用废弃厂房打造而成的商业文化活动中心，园内包括不少利用工业零件改造成的艺术品，之后通过成功地商业运营带动了沈阳的经济发展。在市场经济条件下，对城市资源开发和利用的目的就是讲求效率和收益的最大化，而"对工业遗存有效地再利用满足了产业发展的经济原则。所有产业都追求经济的最大化，文化创意产业也是如此，而节约成本就是实现这个目标的有效手段。而且，地球上的资源有限，环保问题更是未来城市更新的重中之重。自20世纪80年代开始，生态环境问题逐步成为全球备受关注的焦点，我国未来城市建设的可持续发展需要在环保节约基础上因地制宜，根据地方条件加以灵活运用和转换，而沈阳工业遗存在重新利用的同时，用创意手段使得这些被遗忘的遗存焕发新的活力，例如上述公共设施及城市雕塑，均是就地取材，稍加改造，无须材料费、运输费，有效的再利用能使产品以极其低廉的成本满足了产业发展节约环保的经济原则。”[1]

“城市是人类聚居的主要载体，是人类经济、政治、文化的中心，既是人类生存的重要场所，又是人类发展的重要基地。因此，城市的可持续发展不仅对城市本身具有重要意义，而且对全人类的生存及发展产生重要的影响。”[2]而绿色改造是城市维持可持续发展的一个途径，绿色改造是对资源的有效再利用，也是对环保理念的贯彻实施。在城市的升级再造中，节能、低碳、环保是当下发展的主流理念，绿色改造对城市的可持续发展意义重大，也是未来城市建设的走向。

第三节　文化维度之“升级再造”

随着城市的不断更新，城市历史文化的继承和保留越来越受到人们关注，城市的历史文化代表了一座城市的过去，是一座城市的记忆，城市需要借助载体来实现记忆的保存，即历史文化的传承。以沈阳为例，沈阳是一座重工业城市，曾经为中国的建设做出巨大贡献，这段辉煌的工业历史是沈阳城市文化中不可磨灭的一部分，也是沈阳出现工业现成品艺术的原因，这些现成品艺术是沈阳城市记忆的载体之一。

一、承载的历史记忆

“一个地方的特征是由发生在那里的事件所赋予的。”[3]沈阳这座城市的记忆载体有很多，其中，工业现成品艺术作为城市工业历史记忆的载体，具有重要的意义，他们承载了沈阳的过去，向所有人讲述了沈阳工业曾创造的

[1] 张玲．沈阳工业遗存的改造与地方文化创意产业的建设［J］．公共艺术2016（6）：40.

[2] 周红路，郑洪波．可持续发展的城市生态化建设［J］．大连大学学报，2002（8）：44.

[3] C．亚历山大．建筑的永恒之道［M］，赵冰，译．北京：知识产权出版社，2002：41.

辉煌，是所有沈阳市民共同的记忆。

（一）中国的“机床之乡”

以《机床（1970）》《孵化》为代表的现成品雕塑就是对沈阳机床历史的回忆。沈阳被誉为“中国机床之乡”，机床的生产以及技术的创新在20世纪一直处于全国领先地位，成就斐然，为新中国的建设立下汗马功劳，这是机床形象屡次出现在沈阳工业现成品艺术中的缘由。

在沈阳，机床的生产可追溯到1949年以前。1926年，东北大学工厂就自制出皮带车床和钻床，而当时我国还没有成型的机床工业，只有少数企业能够制造一些简易机床。中华人民共和国成立后，沈阳的三大机床厂国有化并成为中国机床工业骨干企业，创造过很多辉煌，为行业的发展提供了数十万台工作母机，“一五”期间，沈阳的三大机床厂被列入了新中国十八个骨干企业，尤其沈阳第一机床厂是中国机床行业“十八罗汉”之首。三大机床厂历史悠久，1995年，沈阳机床（集团）有限责任公司通过对沈阳第一机床厂、中捷友谊厂、沈阳第三机床厂三大机床厂资产重组，并随后于2004年成功并购德国希斯公司、重组云南机床厂，2006年控股昆明机床厂，成为沈阳最大的机床生产企业。

沈阳成为新中国机床工业的摇篮，先后制造出新中国多个第一：1949年2月，沈阳第一机器厂（沈阳第一机床厂前身）制造出中国第一台皮带车床；1951年，制造出中国第一枚金属国徽；1953年3月，沈阳第五机器厂（中捷友谊厂前身）制造出中国第一台摇臂钻床，产品型号为Z35；1955年，沈阳第一机床厂制造出中国第一台普通车床，产品型号为C620-1；1956年3月，沈阳第二机床厂（中捷友谊厂前身）制造出中国第一台卧式镗床，产品型号为T68；1958年2月，沈阳第三机床厂制造出中国第一台自动机床，产品型号为C24.4；1975年6月，沈阳第一机床厂制造出中国第一台数控车床，产品型号为CSK6163。20世纪70年代是沈阳机床生产最为辉煌的时代，也代表了中国机床生产的最高水平：1972年，沈阳第一机床厂生产了中国第一台CA6140普通车床，这是沈阳第一机床厂制造的中国第一台普通车床C620-1的换代产品，于1972年完成换型，1973年通过国家鉴定，定型为CA6140（基型），1974年投入批量生产，当年产量即达到3970台，之后按照国家统筹安排始终保持大批量的生产规模。1975年，CA6140（基型）普通车床最先编入国内重点理工科院校的教材[1]，之后陆续被国内其他大专院校相关专业所采用，历经各类选用单位多版印刷。这款机床作为新中国的第一台普通机床，为我国机床工业做出了巨大的贡献，代表那个时代沈阳工业的最先进水平。这么多的“第一”造就了沈阳机床生产的辉煌，也让沈阳获得了“中国机床之乡”的美誉。

（二）钢铁铸造“共和国的骄傲”

在沈阳的工业现成品艺术中，钢包、钢钎出现的次数较多，这是因为钢包、钢钎是钢铁工业中必备的铸造用具，而沈阳是重工业城市，钢铁铸造工业非常发达，曾为新中国建设提供大量的钢铁材料。利用钢包、钢钎改造而成的作品代表了沈阳的炼钢历史及在铸造行业所取得的辉煌，作为沈阳铸造历史的一个缩影，激发了沈阳人的自豪感和荣誉感。

追溯历史可发现，沈阳的铸造历史悠久，在清代，出于军事需要而发展了铸造工业，铸炮、火药、冷兵器的锻造等在沈阳都有所发展。而中华人民共和国成立后，沈阳作为国家建设起来的重工业城市，在铸造领域取得了诸多成就，沈阳的铸造企业，包括沈阳铸造厂、沈阳重型机器厂、沈阳第一机器厂在内的许多工厂在当时都是全国铸造行业的领头羊，它们为新中国的建设做出重大贡献。

沈阳铸造领域最辉煌的成就当属国徽的铸造。1950年秋，沈阳第一机器厂接受了中央人民政府制造中国第一枚金属国徽的任务，工厂决定由19号铸造车间青年工人焦百顺、裴庆江、朱凤仪等组成的国徽制作小组来完成，最终提前20天圆满完成了三种规格67枚金属国徽的制造任务，其中最大的一枚在1951年5月1日被正式悬挂在天安门城楼上。如今，经过60多年的风雨洗礼，这枚金属国徽依然光彩夺目，受到全国各族人民的敬仰，被誉为“共和国的骄傲”，这也是沈阳人永远的骄傲，是新中国永不褪色的记忆。除了沈阳第一机器厂，沈阳铸造厂在1959年闻名全国，1959年10月1日，中华人民共和国成立10周年阅兵

[1] 大连理工大学、哈尔滨工业大学、天津大学、西安理工大学、昆明理工大学的相关教材中都有这款机床的介绍。

活动在天安门广场隆重举行，我国工业总产值比1949年增长了50多倍，参加国庆游行的群众抬着各种炼钢高炉模型，高喊着口号，接受党和国家领导人的检阅，这些钢锭和铸件几乎全部来自沈阳铸造厂。沈阳铸造厂始建于1939年，前身为日本高砂制作所，1956年定名为沈阳铸造厂，占地面积33万平方米，位于卫工街与北一路交会处，辉煌时期，它能够生产上万种铸件，堪称亚洲最大的铸造企业。20世纪90年代，铸造厂经历重组、转型，随后"东搬西建"工程启动，沈阳铸造厂也在搬迁之列，2007年4月17日，在浇铸完最后一炉铁水后，沈阳铸造厂完成了它的历史使命，铁西区政府决定将该厂一车间保留下来，改建成一座集中展现东北工业历史的博物馆。

（三）"共和国装备部"铁西区

大部分工业现成品艺术都被放置在铁西区，这和铁西的历史有着紧密的联系。譬如大型广场雕塑《力量》放置的地点是建设大路东端的铁西广场，铁西广场是地铁进入铁西的一个标志性的站点，也是铁西区标志性景观路段——建设大路的起点，这个放置地点是经过考量的，通过工业主题的雕塑作品将铁西区的部分记忆留存下来。铁西素有"东方鲁尔"之称，铁西区的历史轨迹反映出沈阳这座城市、东北地区乃至新中国工业发展的轨迹。

铁西区的工业历史悠久，而如今，沈阳最早开通的1号线地铁的22个站点中，有11个站点都经过铁西区，足以看出它在这座城市中的分量，从市中心坐地铁一号线往西，铁西广场、保工街、启工街、重工街等一系列站名，散发出浓浓的工业味道。在老沈阳人的记忆里，铁西区一直是工厂集中地的代名词，那时，从北一路往南至建设大路的整个区域聚集着上百家大中型国有企业，当时街道上最明显的特征就是铁道的数量众多，几乎每家工厂都有自己的铁路专用线，沈阳重型机械厂和沈阳机床厂等大型国企拥有数万名职工，为国家建设做出了极大的贡献。建设大路以南是居民区，以工厂职工居多，过去的几十年中，沈阳人曾一度以生活在铁西为骄傲，特别是铁西的工人村，在当时是全市乃至全省关注的焦点。1952年，工人村开始建设，共建有5个建筑群72幢三层砖混楼房，建筑面积9万平方米，工人村建成后，成为当时全国最大的工人居住区，在全国率先引领了"楼上楼下，电灯电话"的现代住宅潮流。中华人民共和国成立之初，铁西工人在中国共产党的领导下掀起了恢复生产的高潮，他们在艰苦的工作环境下创造了一个又一个奇迹，新的工业逐步在这片废墟上建立起来，为国家重点工程建设发挥了重要作用。中华人民共和国成立以来，铁西区在沈阳市，乃至整个东北重工业基地的崛起中，扮演了重要角色，可以说，它达到了计划经济时代工业发展的巅峰。1953—1957年的“一五”计划时期，苏联援建中国的若干大型项目均放在了铁西区，当时铁西区的钢产量、机床产量都是全国第一，最繁荣的时期，沈阳市80%以上的大中型国企都集中在这里。铁西区在中国工业化进程的初期，当之无愧地具备龙头地位，有“共和国装备部”的美誉。

铁西区，曾经是沈阳这座城市工业文明的象征和精神的承载。进入21世纪，铁西区实施“东搬西建”战略，大批企业搬迁到沈阳西部开发区重组、重建，经过十年的建设，铁西区早已是旧貌换新颜，北一路、北二路、兴工街、爱工街等街路处处楼盘林立，市井繁华，但对沈阳人来说，铁西区曾经的辉煌是他们永远的记忆。

二、城市记忆的用途

美国著名哲学家、散文作家和诗人爱默生（R. W. Emerson）曾说过：“城市是靠记忆而存在的。”城市记忆的核心词汇是记忆，记忆首先是心理学领域的概念，它是人类一项重要的心理活动，“是人脑对经验过事物的识记、保持、再现或再认，它是进行思维、想象等高级心理活动的基础”[1]，人类通过记忆积累经验，不断提高自我，记忆也是人类自我建构和身份认同的参照。记忆通常包括记忆的主体、客体以及载体三部分，简而言之，记忆的主体是人本身；记忆的客体是过去的经历，包括事件构成的历史；而记忆的载体是能诱发记忆活动的物质实在。“在人类对自身的一切认识和反思中，记忆是最深刻也最不可或缺的参照。”[2]

历史记忆的留存是未来城市建设的基础，美国学者刘易斯·芒福德（Lewis Mumford）将历史的城市和今天的城市视作建设明日城市的基石。“城

[1] 杨治良. 漫谈人类记忆的研究［J］. 心理科学，2011（1）：249.

[2] 赵静蓉. 文化记忆与身份认同［M］. 北京：生活·读书·新知三联书店，2015：1.

市固有的物质环境构成了个人生活中对于身份认同的重要组成部分，人们通常是由与自己的历史和过去有关的一些参照物来确定自我的。这些参照物同时也是同一社会（包括地方、区域、民族甚至全球范围）各成员进行或提高统一性与文化认同的最重要标志物。但是，现代都市物质历史环境快速而剧烈的变迁不断剥夺和异化着人们的真实记忆，显示城市中缺乏文化特征和辨识性的类同形象，难以与人们记忆深处具有浓厚历史特征的形象相吻合。"[1]记忆包含历史性的视角，因为记忆所参照的内容永远是过去发生经历的事物。但是，记忆又不完全属于历史，它通过在现实中选择与建构不断超越历史。"城市记忆是城市特色在人们心灵上打下的难以磨灭的物质文化与精神文化烙印，是促进城市文化永续传承与健康发展的灵魂和动力。作为城市主体和客体在时空交汇中产生的相互作用过程。"[2]

城市记忆的用途主要有三点：延续城市历史、塑造城市文化以及增强市民的认同感和凝聚力。

延续城市历史，因为城市是"靠记忆存在的"[3]。留住城市记忆，是市民生存发展的心理需求，也是市民的责任。一座城市就是一部历史，城市记忆能够在一定程度上维系城市的历史脉络，如同一个人的成长有其内在的逻辑，一个城市的发展与进步也同样具有连续性。有记忆的城市，才有延续的城市历史，才能确定城市的起源和在各个不同阶段的发展历程，城市的历史越悠久，城市就越具有特色与吸引力，被割断和抹除历史的城市就如同一座新城，对居民将是完全陌生和没有情感的，也正是城市记忆的存在，城市才能表现出不同于其他城市的独特风貌与形象。

塑造城市文化，文化是一座城市的根基和灵魂，是现代城市发展的动力源泉和重要支撑，也是展示城市综合竞争力的重要标志。文化，是一个城市深厚文化底蕴所在，通过文化，不同时代的人们传递、继续和发展他

[1] 朱蓉，吴尧. 城市·记忆·形态：心理学与社会学视维中的历史文化保护与发展[M]. 南京：东南大学出版社，2013：4-5.

[2] 汪芳，严琳，吴必虎. 城市记忆规划研究：以北京市宣武区为例[J]. 国际城市规划，2010(1)：71.

[3] 刘易斯·芒福德. 城市发展史——起源、演变和前景[M]. 倪文彦，宋俊岭，译. 北京：中国建筑工业出版社，1989：75.

们对生活的观念。文化与城市之间保持着紧密的联系，特殊的地域文化传统和人文资源会孕育出不同的城市文化风景和文化精神。事实上，“文化”（Civilization）一词就源自拉丁文的“城市”（Civitas），它是城市集体建构与认同的产物，与城市人的精神直接相关，一座城市只有正视自己的传统文化，才有助于保持鲜明的城市特色和形成自己的场所精神，城市记忆永恒的魅力就在于其发展过程中不断增加的时间价值与文化氛围。

增强市民的认同感和凝聚力，“城市是人们集体记忆的场所”[1]。对个人来说，记忆最大的作用在于保持心理的连续，记忆使人们保持身份与认同的统一，城市记忆以社会实践与认同作为基础。“在此过程中，城市居民共享权利和义务，并在相互联系中团结在一起，基于共同的历史经验才得以产生连带的情感和共同的意志。人们之所以认同自己和其他人构成一个集体，其最重要的元素，就是共同的历史。”[2]可以说，对根的欲求和对地域及遗产的共同意识还有助于增强城市居民的凝聚力，使社会得以保持稳定和兴盛。

“一个场景所包含的内容，无论如何总会比人们可见可闻的更多，但是任何东西部不可能体验自己，研究它们通常需要联系周围的环境、事情发生的先后次序以及先前的经验。位于农庄田野里的华盛顿大街的布景虽然可能看起来很像是在波士顿市中心，但它们将截然不同。每一个人都会与自己生活的城市的某一部分联系密切，对城市的印象必然沉浸在记忆中，意味深长。”[3]城市记忆是一种集体记忆，“它在地域范围上的限定使其区别于家庭记忆、国家记忆等其他集体记忆。尽管城市记忆只在个人的脑中进行，并且由此引发的感情、行为都无法完全相同，但是每个人记忆的参照物——城市却是固定的，其中的各种物化形式如城市地理景观、人造物等，以及一些非物化的语言、活动等，都能使人们唤起与此相关的人、事、物的全部记忆，它们是保存和传递城市记忆的载体。记忆中的城市虽然不尽相同，但城市记忆的载体却是确定的，为城市市民共有。并且，人们通过历时性的集体活

[1] Aldo Rossi.The architecture of the city [M]. Cambridge：MIT Press，1982：130.

[2] 朱蓉，吴尧. 城市·记忆·形态：心理学与社会学视维中的历史文化保护与发展 [M]. 南京：东南大学出版社，2013：29.

[3] 凯文·林奇. 城市意象 [M]. 方益萍，何晓军，译. 北京：华夏出版社，2001：1.

动，对城市记忆载体进行社会实践、产生认同过程中形成的感情、价值观和评判标准在整体上也是一致和共享的。这同时也是城市记忆的魅力所在，不同时代的不同个体通过城市记忆载体，在时空交错中实现交流对话。此外，城市记忆还充分体现了城市社会结构中各群体对于城市环境的不同客观认识和价值评判，以及它们在时间中的演变关系。”[1]

“记忆的另一种形式是被记忆，即作为记忆的客体或载体，比如人、事或物象，如图片、档案、物件、博物馆、仪式等，由这些可见的实体性符号来承载一段过去。事和物象本身是不会记忆的，但它们作为特殊的表意符号，却可以营造诱人回忆的氛围，充当激活或激发主体进行记忆的催化剂。”[2]记忆的主体是人，城市记忆无法脱离主体的感知体验与评价认同而独立存在。而“从记忆客体的角度来说，记忆就是一系列被选择、被征用、被赋予意义的符号；从记忆主体的角度而言，记忆的二次诞生本质上就是一个语言符号的构建和叙事过程——记忆必须以被记忆的方式展现出来——这二者之间天然地存在着一种互文共证的关系。”[3]城市记忆的客体是城市不同的群体和正在书写的完整的生命历史，这种历史不仅包括城市中发生的重大事件，还包括城市日常的生活故事，它们共同构成了城市所有记忆载体所蕴藏的思想和文化传统。工业现成品艺术作为沈阳城市记忆的载体，承载了沈阳这座城市有关工业历史的这部分记忆，通过艺术的手段，将这种记忆固化，使其传承下去，这也是城市进步的标志。

第四节　经济维度之“升级再造”

工业现成品艺术因为承载了部分城市记忆，因此能传递出关于城市历史、文化的信息，在老工业城市浓厚的工业氛围的烘托下，这些现成品已然

[1] 朱蓉，吴尧．城市·记忆·形态：心理学与社会学视维中的历史文化保护与发展［M］．南京：东南大学出版社，2013：26.

[2] 赵静蓉．文化记忆与身份认同［M］．北京：生活·读书·新知三联书店，2015：44.

[3] 赵静蓉．文化记忆与身份认同［M］．北京：生活·读书·新知三联书店，2015：43.

生成为一种工业文化的符号。文化符号具有易于识别和传播的特性，能够将历史信息继续传承下去，而且，文化符号也是一座城市的文化资本，文化资本可以通过市场的运作转化成为经济资本，在市场经济的合理导向下，使其成为一种文化生产力。

一、现成品的符号功能

在沈阳的工业现成品艺术中，机床、钢包、钢钎、吊钩、齿轮、蒸汽机车车头的形象非常具有地域特色，这些工业形象已然成为一种地域性的文化符号[1]，作为城市文化的构成元素，传递出关于这座城市的文化信息，沈阳正是“利用这些构筑物、设施结构作为环境再造中可资利用的新景观要素，使人追忆昔日的工业生活活动。”[2]

“符号的传统意义是用一物意指另一个物体来完成传意任务，这是人类文明的起点，整个人类文明可以说是符号式传达的文明。”[3]现成品艺术中常见的工业形象是沈阳这座城市的工业符号，具有的一定的文化语义。例如，机床、钢包、钢钎的地域特点较强，并与沈阳的工业历史有着紧密的联系，是沈阳重工业生产时代的产物，更包含工业文化精神，因此是沈阳特有的文化符号；而吊钩、齿轮、蒸汽机车车头是通用的工业文化符号，当放置在铁西区这个特定场域，与沈阳这座城市的工业发展主题联系起来时，也指代了一定的文化含义和象征意义，特有的文化符号与通用的文化符号共同构筑了沈阳工业文化的符号。“符号的基本特征是它的指代性，符号总是代表某一事物，它承载着一定的内容（概念、意义），是传播活动的基本要素。”[4]借用索绪尔的二元关系符号理论，能指是形式，所指是内容，即符号的意义，如沈阳公共空间中多次出

[1] 符号是符号学的研究对象，20世纪中叶，符号学成为一门独立的学科，现代符号学的奠基人一位是瑞士的语言学家费迪南·德·索绪尔（Ferdinand de saussure），另一位是美国逻辑学家查尔斯·桑德斯·皮尔斯（Charles Sanders Peirce），他们从语言学和逻辑学领域提出符号学的概念，索绪尔注重符号的社会功能和语言功能，皮尔斯注重符号的逻辑功能。

[2] 许东风．重庆工业遗产保护利用与城市振兴［M］．北京：中国建筑工业出版社，2014：54.

[3] 郑文东．文化符号域理论研究［M］．武汉：武汉大学出版社，2007：69.

[4] 胡正荣．传播学总论［M］．北京：中国传媒大学出版社，1997：101.

现的机床形象，作为一种工业文化符号，不仅仅是生产零件的机器，还蕴含了创新的文化含义，指代了沈阳机床曾经在中国机器生产过程中立下的汗马功劳，以及沈阳工人自主创新的工业精神。同样，钢包、钢钎的形象指代了沈阳铸造工业的发达，以及工人们在钢铁铸造时的劳动热情；吊钩的形象指代了工业的无穷力量；而齿轮则指代了老工业区的快速发展。具有文化符号特质的工业现成品艺术具有记录历史的功能，“文化首先是符号，它承载和传递的是信息，符号是信息的物化形式，也就是说，符号的内容附着于形式上，符号的所指附着于符号的能指上，信息附着于载体上。”[1]

那些遗留下来的老工业零件在过去的几十年中曾经是工业文化的象征和精神的载体，具有特殊的文化记忆功能，能够引发市民对城市历史的重新认识，这是沈阳未来文化产业发展取之不尽的源泉。“对传统的反思促使人们以前所未有的深度和广度确立和强化文化身份，首先是以超乎寻常的强度整理和重塑自己的过去。”[2]工业现成品艺术作为工业文化的一种载体，能够借由创意手段实现功能的转化、记录沈阳工业发展的历史、展现地方标志性的文化、提升沈阳人民的物质和精神生活，凸显出老工业城市的新风貌。

工业文化符号是老工业城市的标志，“城市视觉符号往往使城市中那些非物质化的精神与理念依附在符号的形式上或者借助于符号形式给人以心理的暗示得以传达，这就是城市视觉符号的象征性。城市视觉符号是城市独特、鲜明的标志性象征物。从某种意义上来说，它就是城市的一张名片，它传递和演绎着城市所特有的灵魂和形象，逐渐成为城市的一个代表，成为一个城市不可泯灭的象征，成为独特的城市形象标识。”[3]因而，保留这些具有文化符号特性的现成品是老工业城市在城市更新中应该重点关注的，因为这些工业文化符号意味着城市历史文化的传承和延续，美国人类学家怀特（L.A. White）就曾指出：“全部文化（文明）依赖于符号。正是由于符号能力的产生和运用才使文化得以产生和存在，正是由于符号的使用，才使得文

[1] 郑文东. 文化符号域理论研究［M］. 武汉：武汉大学出版社，2007：73.

[2] 扬·阿斯曼. 文化记忆早期高级文化中的文字、回忆和政治身份［M］. 金寿福，黄晓晨，译. 北京：北京大学出版社，2015：208.

[3] 许雄辉. 传播城市：城市形象对外宣传策略［M］. 宁波：宁波出版社，2013：148.

化有可能永垂不朽。没有符号，就没有文化，人也就仅仅是动物而不会成为其人类。”[1]

城市是人类文化的一种高度凝聚形式。刘易斯·芒福德早就指出城市包含了文化符号的特征，他认为城市既是人类解决共同生活问题的一种物质手段，又是记述人类这种共同生活方式和在这种环境条件下产生的一致性的一种象征符号。他后来又说道：“大城市是人类至今创造的最好的记忆器官。”文化符号存在于城市生活中的各个领域，因为“城市总是有自己的文化，它们创造了别具一格的文化产品、人文景观、建筑及独特生活方式。甚至我们可以带着文化主义的腔调说，城市的那些空间构形、建筑物的布局设计，本身恰恰是具体文化符号的表现。”[2]

二、城市的文化资本

文化资本[3]具有资本所特有的两大特性：一是累积性，即它是通过累积而形成的；二是获利性，即任何资本只有被投资于具有获利可能的生产和活动才成为资本。由工业现成品艺术生成的工业符号是沈阳这座城市的文化资本[4]，是城市的公共财富。

文化资本的累积主要通过历史和时间的积淀以及人们群体性的行为创造，它还是精神文化的产物，有根植于城市土壤和市民心中的一种资本性价值。文化资本的累积有助于城市形象的塑造，因为一座具有良好形象和文化

[1] 郑文东．文化符号域理论研究［M］．武汉：武汉大学出版社，2007：71.

[2] 王一川．中国文化软实力发展战略综论［M］．北京：商务印书馆，2015：261.

[3] 资本原是狭义的概念，《新帕尔格雷夫经济学大辞典》将资本定义为“作为现在和未来的产出与收入流的源泉，资本是一个具有价值的存量。”传统经济学中，资本也仅指物质资本和货币资本。直到舒尔茨和贝克提出了“人力资本”的概念，才使经济学接受了除物质资本以来的资本，泛化了的资本可以定义为有助于生产和交换的价值存量。“资本”概念是布尔迪厄理论体系中又一个核心范畴。对于“资本”，马克思曾在经济学领域给出这样的定义即“能带来剩余价值的价值”。而布尔迪厄则是在隐喻的意义上使用“资本”这个概念，并没有给出一个明确的定义。在他看来，资本是积累起来的劳动（以物化的形式或“具体化的”“肉身化”的形式），这种劳动可以作为社会资源在排他的基础上被行动者或群体所占有。布尔迪厄把资本分成三种基本类型：经济资本（economic capital）、社会资本（social capital）、文化资本（cultural capital）。

[4] 文化资本一词由法国社会学家布尔迪厄提出，他认为，在现实生活中，资本可以表现为三种基本形态：经济资本、文化资本、社会资本。笔者在本节借用了“文化资本”这一名词。

活力的城市必定具有特定的历史文化构成，比如罗马是“古典文化荟萃的城市”，而巴黎被认为是“时尚之都”和“文化艺术之都”，维也纳则公认是“音乐之乡”。沈阳的一个标签就是“老工业城市”，工业文化是通过历史的累积逐渐形成的文化认同。

文化资本和经济资本一样，可以投资于各种市场并获取相应的回报。“在市场经济机制下，对遗产资源进行合理的利用与经营，便能充分地将本体文化价值转化为经济价值。通过历史文化资源的重组以及与相关产业的结合，并通过市场营销等手段，就可以形成文化产业和文化品牌，使其向所谓的‘文化资本’转化，在市场经济的合理导向下，使其成为一种文化生产力。”[1]工业现成品艺术是对工业遗存中现成物的再利用，作为城市的工业文化符号，能够从文化创意产业的角度打造地方的“符号经济”，促进城市工业文化旅游市场的繁荣。沙朗·祖金在其《城市文化》一书中提到了著名的“符号经济”概念，“因为文化产业的繁荣，使一个城市产生了独特的文化基因，为一座城市塑造了一个与众不同的符号形象，从而获得了相对于其他城市的相对竞争优势，而且，文化产业的繁荣也推动了旅游收入增长和直接投资的增加，改善了城市形象，因此城市空间因其文化的符号性特征而获得经济效益，即‘符号经济’。”[2]符号经济根植于城市的历史文脉，一个城市打造出能够吸引消费者的文化符号，可以提升自身的竞争力。沈阳“符号经济”的发展繁荣依赖于它的工业历史和文化，打造独特的文化品牌，也是发展地方文化创意产业的关键，因为就地取材和稍加改造无须材料费和运输费，因此对工业遗存有效地再利用满足了产业发展的经济原则。

城市，无疑是人类物质财富的集中地；城市，同样也是人类精神文化的创新地和人类文化的一个大“容器”。城市通过它的许多储存载体，包括建筑物、保管库、档案、纪念性建筑、石碑、书籍等，能够把其复杂的文化一代一代地传承下去。城市不但集中了传递和扩大这一遗产所需的物质手段，而且集中了人的智慧和力量。文化的积淀造就了各种各样的城市符号，这是城市的公共财富，每座城市都有自己独有的符号，它是城市的眼睛，透过这

[1] 李和平，肖竞. 城市历时文化资源保护与利用 [M]. 北京：科学出版社，2014：71.

[2] 宋颖. 上海工业遗产的保护与再利用研究 [M]. 上海：复旦大学出版社，2014：52.

些符号，可以探寻一种文化、一种历史、一种气息、一种风情，进而构筑城市居民对城市感知和记忆的基础，我们要保存和强化城市的文化符号。因此，如何通过城市符号勾勒城市性格，塑造城市形象，进而将文化传承下去，是当代城市规划和发展必须思考的基本要素。文化资本可以通过运作成为经济资本，中国学者张鸿雁曾说过："城市文化资本必须通过一种生产场域过程，才能够转化为资本性价值。"文化产业就是手段之一，因为"城市形象传播与文化创意产业发展有着密切关系，城市形象的塑造和传播将会为文化创意产业带来巨大的拓展空间和潜在商机。而文化创意产业的发展，又可以为城市形象推广和提升起到催化剂和加速器的作用。"[1]可以说，城市的文化资本是城市发展的新"动力因"，通过文化产业的运作，文化资本可以转换成经济资本，带动城市经济发展。

第五节　视觉维度之"升级再造"

随着城市化进程的推进，城市形象的塑造越来越受到人们的关注，当代城市讲求综合发展，其中就包括对城市精神和文化的弘扬，而城市文脉和城市精神必然通过"标志物"这种实体形象来实现承继和延续。工业现成品艺术作为城市的"标志物"，能够从视觉上强化城市的形象，有助于老工业城市形象的重新塑造，通过这个媒介，城市新形象得以展现，而工业历史和文化也得到进一步的传承和延续。

一、城市"标志物"

每座城市都有专属于自己的标志物[2]，"城市的标志物是时代的见证物，

[1] 许雄辉．传播城市：城市形象对外宣传策略［M］．宁波：宁波出版社，2013：169.

[2] 凯文·林奇在《城市意象》一书中总结的城市标志物，通常是一个定义简单的有形物体，比如建筑、标志、店铺或山峦，也就是在许多可能元素中挑选出一个突出元素。

是一个城市空间的时间结晶。”[1]城市建设需要建立具有独特风格的标志物，这需要在保持原有风貌的基础上，增强对城市固有文化的理解和感悟，并结合艺术和美学，因地制宜，改造出新颖又接地气的艺术品，满足新时代城市的文化需求，从而产生集聚效应，带动城市的品牌效应。

“似乎任何一个城市，都存在一个由许多人意象复合而成的公众意象，或者说是一系列的公共意象，其中每一个都反映了相当一些市民的意象。如果一个人想成功地适应环境，与他人相处，那么这种群体意象的存在就十分必要。每一个个体的意象都有与众不同之处，其中有的内容很少甚至是从未与他人交流过，但它们都接近于公共意象，只是在不同的条件下，公共意象多多少少地，要么非常突出，要么与个体意象互相包容。”[2]城市中的标志物基本包含两类：具有代表性的标志物和传统文化意义上的标志物，具有代表性的标志物能够反映城市的个性和新风貌，而传统文化意义上的标志物则更多地展现城市的历史和人文内涵。工业现成品艺术就属于具有传统文化意义的城市标志物，这源于它承载的历史以及蕴含的文化语义，标志物作为一种文化媒介具有代表性和易识别性的特点，如果与国家的历史事件产生关联，能够让市民产生共鸣和认同感。

标志物有助于城市形象的塑造，而工业现成品艺术作为沈阳的城市标志物，因其所蕴含的工业文化而成为独特的文化标志物，构筑了城市公共空间中一道靓丽的风景线，塑造了工业城市的新形象。“城市形象的培育、塑造和推广是一个系统工程，它包括一座城市的‘城市精神’‘城市口号’‘城市标识’等一些重要元素，共同构成了城市形象的浓缩和重要的传播符号。‘城市精神’‘城市口号’更多反映的是一座城市的内涵和特质，表达城市形象的深度；‘城市标识’Logo则是城市独特文化和精神的直接展示，是城市品牌的外在形象代表，是城市的视觉识别符号。”[3]工业现成品艺术从视觉的角度展现了沈城的历史和文化，对沈阳工业新形象的塑造不可或缺。

视觉符号在城市文化提升中具有重要作用。一个城市打造出能够吸引消

[1] 张鸿雁. 城市文化资本论 [M]. 2版. 南京：东南大学出版社，2010：173.

[2] 凯文·林奇. 城市意象 [M]. 方益萍，何晓军，译. 北京：华夏出版社，2001：35.

[3] 许雄辉. 传播城市：城市形象对外宣传策略 [M]. 宁波：宁波出版社，2013：146.

费者的视觉符号，可以提升自身的竞争力。以上海杨浦滨江“工业锈带”为例，“工业锈带”长2.8千米，南段滨江上26.2万平方米工业遗存被一一保留下来，并注入全新内涵。在杨浦滨江南段核心区，沿江66幢历史建筑被一一保存下来后，利用开发永安栈房、明华糖仓、毛麻仓库3处共34600平方米历史保护建筑，自东向西规划建设“生态之丘”“水厂栈桥”“双坞闻笛”等94个景观节点。如今走在2.8千米贯通段，杨浦滨江建设的“历史感、智慧型、生态性、生活化”理念充分体现，建筑风貌新旧交融，成为一个属于百姓的亲水“城市客厅”和宜人“生活街区”。还有上海红坊（淮海西路570号），它是在1958年的上钢十厂的闲置厂房上改造建设的。红色厂房环绕着一片绿色草坪而建，园区内有很多充满创意的雕塑、路牌。厂房如今已改建为画廊、艺术工作室、咖啡厅，可以在这里闲逛，晒太阳，拍照片，或坐下来慢品一杯咖啡，感受艺术的魅力。红坊大草坪上的雕塑，都是红坊老板的个人收藏，几乎每个都有一番来历，其中12条大腿的系列雕塑，是中央美术学院学生的毕业作品，大腿表面的图案是各国国旗；那头造型十分后现代的机器牛，是出生于1964年的法国雕塑家比埃尔·马特的作品。这里还曾经出现过一批国际艺术界极具升值潜力的艺术衍生品，如草间弥生、村上隆、奈良美智等限量版作品。如今，“工业锈带”和红坊已成为上海的工业文化标志性景观，作为远近闻名的视觉符号推动了上海市的文化及经济建设。

打造工业文化的视觉符号可以推动城市的文化建设，助推城市经济发展。工业文化的视觉符号能够吸引民众、留住城市记忆，提升城市的文化品位，更好地推动城市有机更新、传承历史文脉，契合工业旅游“文、商、旅”结合的新思路。

二、塑造城市新形象

林立的工厂、高耸的烟囱、大型的工业设备、庞大的工人群体一直是沈阳这座重工业城市的原始印象，但是随着城市的改造，沈阳的城市形象已经发生巨大的改变。在新的时代背景下，沈阳需要塑造新的形象以配合城市的综合性发展，这需要借助一些媒介物，因为媒介是对城市历史文化的间接呈现，而工业现成品艺术作为一种艺术媒介，能够从视觉上展现沈阳这座老工业城市的新形象。

“城市作为一种物质的表现，是可以通过眼睛看得到的；视觉作为精神的通道，使得我们能够对我们所处的城市进行感知，由此形成关于城市的形象。”[1]城市的形象往往和这座城市的历史文脉相连，当代城市形象的塑造需要考虑历史文化、社会风俗、市民构成或者工业进程、革命历史以及经济发展情况等内容。城市形象是一个城市文化的外显，是能够激发人们思想感情活动的城市形态和特征，是城市内部与外部公众对城市内在实力、外显活力和发展前景的具体感知、总体看法和综合评价。城市形象作为一个城市的风格、个性、实力以及人们认知的综合体，“它凝聚和体现着城市的功能、理念、整体价值取向以及由内向外的辐射力和由外向里的吸引力。”[2]而塑造城市形象需要从系统理念上去认知城市形象[3]。从系统的角度看，城市形象包含三个方面的内容：“城市理念形象，是指城市的本质特征反映到城市外在表现形式，是维系城市生存和发展的原动力，主要包含了城市各种生产活动形象（理念识别）；城市行为形象；城市景观（视觉）形象。”[4]其中城市景观形象给人们带来直观的感触，因此更容易识别。城市标志物就是城市景观建设的产物，城市景观形象也是一种环境意象，而环境意象“由三部分组成：个性、结构和意蕴，尽管在现实中他们通常同时出现，这里还是很有必要对其进行抽象分析。一个可加工的意象首先必备的是事物的个性，即其与周围事物的可区别性，和它作为独立个体的可识别性，这种个性具有独立存在的、唯一的意义。其次，这个意象必须包括物体与观察者以及物体与物体之间的空间或形态上的关联。最后，这个物体必须为观察者提供实用的或是情感上的意蕴，这种意蕴也是一种关系，但完全不同于空间或形态的关系。”[5]

城市的形象塑造需要通过实物展现，沈阳作为老工业城市，利用工业现

[1] 朱钟炎，章丹音. 城市视觉形象设计［M］. 上海：上海锦绣文章出版社，2011：1.

[2] 许雄辉. 传播城市：城市形象对外宣传策略［M］. 宁波：宁波出版社，2013：10.

[3] 20世纪90年代，企业形象识别系统CIS（Corporation Identity System）的理念与方法被运用到城市形象的塑造与提升中，形成了城市形象识别系统CTIS（City Image System），这种系统理念影响到城市形象的塑造方式。

[4] 许雄辉. 传播城市：城市形象对外宣传策略［M］. 宁波：宁波出版社，2013：39-40.

[5] 凯文·林奇. 城市意象［M］. 方益萍，何晓军，译. 北京：华夏出版社，2001：6.

成品艺术作为标志物来塑造城市的新形象无疑是一种经济、切实有效的手段。任何一个城市，塑造自身形象，不仅能够改变自己，同时也能改变周围世界对城市品质的认识，从而提高城市自身的社会和经济价值，因为“良好的城市形象能够放大城市价值，提升城市竞争力。城市形象宣传最终目的和效应是促进城市经济的发展。良好的城市形象，能够转化为无法估量的经济推动力。”[1]城市形象的优劣会影响人们对城市的认同和评价，关系到城市经济和社会的整体发展。

随着中国城市的发展，越来越多的人开始意识到，良好的城市形象对城市自身的发展有着举足轻重的意义，打造城市的特色标志物能够提升城市的工业新形象，而具有文化特点的城市形象是一个城市极为重要的“无形资产”，它就像一个“城市凝聚力倍增器”，能增强市民的自豪感和认同感，提高市民的精神文明水平，还可以使城市在竞争中占据主动，增强城市的外交力量和发言权，促进城市目标和城市利益的实现。现代社会，良好的城市形象传播有利于增强国家的“软实力”，营造国家层面的良好国际舆论环境，同时，良好的城市形象更易于搭起与世界各国交流、合作的平台，从而赢得国际公众的了解，扩大共识。

利用工业遗留物改造成的公共艺术品之所以能够提升城市的文化形象，一方面是这些艺术品具有文化价值，能够展现地域性的工业文化特色；另一方面是外地游客可以近距离参观，甚至可以互动，由此带动旅游经济，使优质工业文化资源转化成为优秀的旅游资源。特定工业艺术品能够突出沈阳的工业历史文化。中国的老工业基地不仅仅是沈阳，那么如何突出地域性的工业文化特色，需要从本地的工业历史中找寻。利用地域具有代表性的工业遗留物改造成公共艺术有助于城市工业文化形象的塑造，这对于提升城市文化形象具有非凡的意义。不同城市拥有不同的风土文化，这与城市的历史相关联，辽宁是著名的老工业基地，工业文化在辽宁的发展历程中留下了深深的印记。在此基础上，如何紧跟时代，利用艺术的手段提升辽宁工业文化形象是当下研究的重中之重。2016年《中共中央 国务院关于全面振兴东北地区等老工业基地的若干意见》中提出“促进资源型城市可持续发展”的目标要

[1] 许雄辉．传播城市：城市形象对外宣传策略［M］．宁波：宁波出版社，2013：10.

求，强调文化产业的重要性，而文化产业的繁荣需要打造地方特色文化品牌；《沈阳市文化创意产业发展三年行动计划（2018—2020年）》中强调文化融合对文化产业的重要性。以上政策表明，中央以及地方政府都注意到用文化手段振兴老工业基地的重要性，对如何利用文化艺术手段提升辽宁形象的研究能为新一轮振兴老工业基地的具体举措提供参考，也能为辽宁打造文化景观、提升城市文化形象提供学术支撑。以沈阳为例，沈阳拥有辉煌的机床发展史，被称为“中国的机床之乡”，因此，机床是沈阳工业辉煌历史的见证，具有特殊的意义；沈阳还有辉煌的铸造史，我国第一枚金属国徽的铸造就是在沈阳完成的，这个国徽被悬挂于天安门的城楼上，因此用于浇筑的钢包代表了沈阳的铸造成就。在沈阳，将机床、钢包等工业现成物打造成具有工业文化特色的视觉符号，有助于沈阳工业城市形象的定位。

随着城市化进程的推进，城市形象的塑造越来越受到人们的关注，当代城市讲求综合发展，其中就包括对城市精神和文化的弘扬，而城市文脉和城市精神必然通过“标志物”这种实体形象来实现继承和延续。工业现成品艺术作为城市的“标志物”，能够从视觉上强化城市的形象，有助于老工业城市形象的重新塑造，通过这个媒介，城市新形象得以展现，而工业历史和文化也得到进一步的传承和延续。另外，工业现成物可以就地取材，改造的成本低廉，而且解决了大量工业遗留物无处安放的问题。

小结

城市的升级再造活动包括对历史遗存的保护性再利用，而工业现成品艺术正是城市升级再造活动的产物，随着城市的不断更新，升级再造活动的继续，老工业城市中还将出现更多的现成品艺术。工业现成品艺术在城市的升级再造活动中的施展主要体现在四个维度——环保维度、文化维度、经济维度和视觉维度，通过这四个维度，工业现成品艺术的功用和价值在城市更新中得到最大的发挥。从环保维度，以沈阳为代表的老工业城市因城市更新而遗留下大量的工业遗存，其中的部分工业废弃物可以通过艺术的手段转化成城市公共艺术，这种对旧物的改造是一种绿色改造，对资源的有效再利用是维持城市可持续发展的动力；从文化维度，对工业废弃物进行艺术改造的主要目的不是表达生产力，而是承载记忆，那些废旧零件、器械改造而成的现成品雕塑和公共设施就是城市记忆的载体，它们承载了关于这座城市的工业文化，传递出有关城市的历史信息；从经济维度，工业现成品艺术所展现出来的工业形象具有符号的功能，是城市的文化符号，这种文化符号作为城市的文化资本，不仅具有历史文化价值，随着城市的更新和现代化进程的推进，还衍生出经济价值，带动城市经济的发展，相关文化创意产业以及工业文化旅游的繁荣就是最好的证明；从视觉维度，城市在更新的过程中必须面对形象的塑造问题，而城市形象的塑造必然要追溯城市的历史及文脉，工业现成品艺术作为城市的标志物，具有文化传播的功能，是工业文化的构成元素，也是展现老工业城市新形象的媒介之一，具有高度视觉识别的特性，能够帮助老工业城市塑造新的城市形象。

第七章

工业现成品设置的经验与建议

在城市公共空间中，公共艺术品的设置尤为重要，沈阳的工业现成品艺术，包括现成品雕塑和现成品公共设施，在设置上既有实践得来的经验，这体现在对地点和现成物的选择上颇具特色；也有不足之处，这体现在对景观环境和实用功能的考虑不足。这些经验和不足之处可以为沈阳乃至其他老工业城市未来此类项目改造提供参考和借鉴。

第一节　工业现成品设置的经验

沈阳因特有的工业历史背景而遗留下大量的工业遗存，这些工业遗存具有一定的历史文化价值，因此因地制宜，将工业遗存中的遗留物改造成艺术品有着得天独厚的便利条件，而且，工业现成物的改造成本较低，便于操作，这也为现成品艺术的创作带来巨大的空间。沈阳工业现成品艺术在设置上的经验主要是地点的选择和现成物的选择。

一、地点的选择烘托历史背景

沈阳工业现成品艺术安置的地点主要集中在铁西区。铁西区是沈阳的老工业区，历史悠久，始建于1905年，1932年正式规划建设为铁西工业区（简称为铁西区），最初的规划占地面积大约12平方千米，至1944年基本建成，当时共有大小工厂（主要是加工企业，也有少量冶炼、化工、橡胶长）近400座。为统一用铁路运输原料、燃料和产品，在整个工业区内规划了东西两组各三条铁路支线，穿过各个厂区，两组线路分别通过沈阳南站和皇姑屯站与正线编组接轨。中华人民共和国成立后，铁西区进行了调整、改建，合并了许多小工厂，最后维持有100家左右企业，仍然是全国最大的综合性工业区。铁西区曾被称为东方的鲁尔，是中国工业厂矿最集中的地带之一，这里曾经创造了光荣和奇迹，这里密布着沈阳市80%以上国有工业企业，数量超过1000家，卫工街、保工街、肇工街等街道的名字都是以“工”字命名，反映出工业的影响力。铁西区的人口中大部分是工人，当国企为改革付出代价时，根据中国劳动力市场信息网监测中心数据显示，1998年至2000年，全国国有企业共有下岗职工2137万人，下岗职工主要集中在老工业基地和经济欠发达地区，东北三省占25%，而沈阳下岗工人主要集中在铁西区，据铁西区区劳动局的统计数字，75万人口的铁西，成为中国下岗失业者最集中的地带，下岗职工累计15万人，这只是官方统计的数字，实际数字只会更多。铁西区从2002年开始实施“东搬西建”工程，如今，大部分工厂已完成搬迁或重组任务，铁西区被联合国人居署授予“2008联合国全球宜居城区示范奖”，标志着铁西已经实现了由一个单独的工业区向一个功能完备、适宜人居的综合区的转变。虽然铁西区已经实现转型，但是历史造就了铁西区浓厚的工业氛围，在这种环境的烘托下，工业现成品艺术设置在铁西区的公共场所中便没有丝毫的突兀感，而且能够更加深刻地展现沈城的工业历史和文化。

在具体地点的选择上，铁西区的工业现成品艺术主要集中在三处，现成品雕塑主要分布在建设大路沿线和中国工业博物馆，而现成品公共设施主要分布在重型文化广场，之所以选择这三处地点，是因为它们是铁西区最有代表性的工业区域。

曾经铁西建设大路以北14.3平方千米的区域都是工业区，全区仅铁路专用线就有76处，建设大路沿线曾经林立着诸多工厂，包括沈阳电缆厂、沈阳雪花啤酒厂、东北制药厂、变压器厂、新华印刷厂、鼓风机厂、高低压开关厂等，如今这里已经改造成铁西区著名的景观大道，代表着铁西区的新形象。沿着建设大路，每隔一段距离矗立着一个工业主题雕塑作品，一共有9个，由东至西分别为《铿锵名录》《机床（1970）》《雪花（1933）》《印刷乐章》《熔铸》《力量》《孵化》《工业魔方》《速度》。这些雕塑作品创作的背景都与工业题材相关，主题均表达了沈阳的工业历史与工业精神等内容。这些现成品雕塑安置在建设大路沿线的目的，一方面是引发铁西区市民的怀旧情绪和认同感，另一方面是运用艺术的表现手段为城市的公共景观增光添彩。

中国工业博物馆也是工业现成品艺术的一处集中地。中国工业博物馆的前身是沈阳铸造厂，这里早在1939年就建起了一座铸造厂，1956年命名为沈阳铸造厂，占地面积33万平方米，曾是亚洲最大的铸造企业。2007年4月17日，沈阳铸造厂停产，铁西区政府将该厂的一个车间完整地保留下来，将其改建成一座集中展现工业文化的铸造博物馆，现更名为中国工业博物馆。博物馆公共绿地上放置的现成品雕塑数量较多也较为密集，大部分为原沈阳铸造厂遗留下来的工业设备、器械以及被拆解的零部件，经过稍加修整、重新组合后置于草坪上，市民在了解沈阳工业历史进程的同时还可以与这些现成品艺术近距离地接触。

重型文化广场为现成品公共设施的主要安置地点，原因是广场修建于原沈阳重型机器厂的厂址之上。1949年10月，工厂自主炼出了中国的第一炉钢水，1952年12月，经反复试验，重型机器厂研制成功首台5吨“蒸气—空气两用锤”，开创了国内生产重型机器的历史，这是沈阳工厂自力更生制造的结果，成为具有划时代意义的里程碑，此后，“铁西区兴华北街8号”，在很长时间内记录了这个“中国重工业摇篮”的多项辉煌。2009年5月17日，沈重炼钢厂房的5吨电炉在炼了最后一炉钢后封炉，次日，沈阳重型机器厂搬迁工程启动。工厂搬迁后遗留下来的老旧设备、零部件等就被直接拿来改造成广场公共设施，例如秋千、跷跷板、滑梯等娱乐设施，这些工业废弃品从此有了崭新的用途，重新焕发了新的生命。

在地点的选择上，沈阳工业现成品艺术多数聚集在铁西区，这和铁西区的工业历史背景息息相关，而铁西区又集中在建设大路沿线、中国工业博物馆和重型文化广场三处地点：建设大路沿线曾经是铁西区工厂的集中区域；中国工业博物馆前身是沈阳铸造厂，辉煌时期，它能够生产上万种铸件，堪称亚洲最大的铸造企业；而重型文化广场所在地是“中国重机工业摇篮”——原沈阳重型机器厂的老厂厂址。在这三处具有代表性的地点设置工业现成品艺术，可以借助历史的氛围以及人文环境，使得作品更具有说服力和大众的认同感。如今这三处地点已成为人流密集的城市公共场所，因此可以让更多市民通过工业现成品艺术了解沈阳的工业历史。

二、现成品的选择凸显沈阳特色

工业遗存记录了沈阳工业的历史，而部分工业遗存中的现成品蕴含了丰富的语义，因此具有改造的价值，能从侧面再现沈阳的工业历史。

在现成品的选择上，挑选具有代表性的工业现成品，例如机床、钢包等改造而成的现成品艺术来展现沈阳本地的工业文化，具有沈阳的地域特色。沈阳被誉为“中国机床之乡”，拥有三大机床厂，包括沈阳第一机床厂、中捷友谊厂、沈阳第三机床厂，这三大机床厂为新中国建设立下汗马功劳，机床代表了沈阳为新中国做出的贡献，《机床（1970）》《孵化》以及重型文化广场的休闲长椅都有机床的身影。钢包是钢铁铸造用具，象征了沈阳铸造行业的辉煌成就，而且，钢包作为容器，其造型特点鲜明也易于功能改造，利用钢包改造而成的主题雕塑或者标识雕塑，以及广场上的花钵在创作上仅仅稍加改造，更多的是保留了历史的原汁原味。

在沈阳，对工业现成物进行艺术改造的主要目的不是表达生产力，而是承载记忆，那些废旧零件、器械改造而成的现成品雕塑和现成品设施就是记忆的载体，它们承载了关于这座城市的工业文化，能够传达出城市的历史信息。工业现成品艺术因承载了关于城市的部分历史记忆而具有一定的文化含义，这是它区别于普遍意义上的城市公共艺术品的特别属性。作为城市记忆的载体，工业现成品艺术所展现的工业形象具有符号的功能，是一种具有历史文化价值的工业符号，视觉符号在城市文化提升中具有重要作用。首先，城市建设需要建立自己具有独特风格的标志物。这需要在保持原有风貌的基础上，增强对城市固有文化的理解和感悟，并结合艺术和美学，因地制宜，改造出新颖又接地气的艺术品，满足新时代城市的文化需求，从而产生集聚效应，带动城市的品牌效应。其次，符号经济根植于城市的历史文脉。一个城市打造出能够吸引消费者的文化符号，可以提升自身的竞争力。辽宁“符号经济”的发展繁荣依赖于它的工业历史和文化，打造独特的文化品牌，也是发展地方文化创意产业的关键。这种文化符号又是城市的文化资本，在城市的更新过程中，文化资本逐渐积淀成经济资本，在市场经济的带动下，新型文化产业的运营能够促进城市经济的增长。现成品艺术转化为城市的视觉符号，作为文化资本，推动文化旅游产业发展。视觉符号是一种文化资本，和经济资本一样，可以投资于各种市场并获取相应的回报。由工业现成品艺术生成的工业符号是沈阳这座城市的文化资本，是城市的公共财富。通过历史文化资源的重组以及与相关产业的结合，并通过市场营销等手段，就可以形成文化产业和文化品牌，使其向所谓的“文化资本”转化，在市场经济的合理导向下，使其成为一种文化生产力。对工业遗存进行合理的利用与经营，便能充分地将本体文化价值转化为经济价值。符号经济根植于城市的历史文脉。一个城市打造出能够吸引消费者的文化符号，可以提升自身的竞争力。沈阳“符号经济”的发展繁荣依赖于它的工业历史和文化，打造沈阳的独特的文化品牌，也是发展地方文化产业的关键。

沈阳工业现成品艺术在现成品的选择上目的明确，专门挑选那些具有典型性和象征性并能代表沈阳工业历史和辉煌成就的工业物件。这些工业物件稍加艺术处理，既保留了历史的原汁原味，也融入了当代的气息，可以作为城市名片提高城市的知名度。城市在更新的过程中必须面对形象的塑造问题，而形象的塑造必然会追溯城市的历史及文脉。目前，中国的城市更新已经入第三个阶段[1]，这个阶段的城市建设更加注重文脉以及城市精神的营造，因为“慎重对待各个时期有代表性、有价值的历史遗存。不仅重视其物质属性和质量，还要重视其人文、历史的意义和价值；不仅重视古代的，还要重视近代和当代的。这是尊重历史，尊重文化的表现，也是衡量一个城市是否具有高度精神文明的重要标志。从城市的特色看，这样做还有利于保持多样化。否则，一个城市如果只有‘古建筑加现代玻璃匣子’，这样也是很单调的。”[2]工业现成品艺术已然成为沈阳城市公共空间的标志物，是沈阳工业形象的构成元素，作为沈阳的工业符号，富含的文化语义有助于沈阳工业新形象的塑造，“城市的发展记载着人类的文明，不断影响着社会总体文化的发展。反过来，文化的发展也反作用于城市的发展理念。文化与城市是息息相关的，文化是创造和谐的原动力。公共艺术是城市文化建设的重要组成部分，是城市文化最立观、最显现的载体：它可以连接城市的历史与未来，增加城市的记忆，讲述城市的故事，满足城市人群的行为需求，创造新的城市文化传统，展示城市的友善表情。”[3]另外，沈阳工业现成品艺术创作的优势在于可以就地取材，因地制宜，直接利用老旧工厂遗留下来的现成品能够最大限度地降低成本，大量的工业现成品也为现成品艺术的创作提供了充足的材料，而便于操作的特点也为改造带来了巨大的创作空间。

---

[1] 中国的城市更新经历三个阶段：第一阶段，综合治理城市环境和改善居住条件的阶段；第二阶段，城市生产性建设空前发展的阶段；第三阶段，城市建设全面、综合发展阶段。

[2] 严丽红. 城市更新与历史文脉保护并行［J］. 山西建筑，2007（12）：24.

[3] 王中. 公共艺术概论［M］. 北京：北京大学出版社，2007：301.

第二节 景观功能和实用性不足

经过近些年的实践，沈阳工业现成品艺术的设置取得了一定的成效，由此总结出一些经验，但是不足之处也较为明显，主要体现出两点不足：部分景观雕塑没有考虑到景观的作用；公共设施的实用功能较差。

一、部分景观雕塑没有考虑景观的作用

“乱”是中国工业博物馆公共绿地上的景观雕塑给人的第一印象，这是因为中国工业博物馆内的室外景观雕塑过于集中，在室外绿化草坪上矗立的景观雕塑有32件之多，过于密集，如同杂货铺里的陈列品，这极大地降低了作品的视觉冲击力，也使得这些雕塑没有起到应有的景观效果。另外，这里的现成品艺术也没有统一的主题，分散了钢铁制品所带来的鲜明的视觉效果。

工业现成品艺术是一种景观公共艺术，景观与公共艺术，应该是一种和谐共生的关系，“城市环境中，有许多方便人们生活、娱乐、交通而存在的硬质景观（诸如由金属和混凝土、石料、砖等构筑的建筑、步行道路、车站、墙体、人行踏步和坡道、堤岸、坡地、停车场地、出产、护柱、街道照叼、电话早、坐衙、报时装置、招牌、广告桂、种植容器、饮水器、杂物箱和视觉指示牌等城市公共设施）和以植物绿化及各种水体等形态构成的软质景观。它们作为城市社会书功能性设施和工具的同时，构成了城市环境景观的实体要素。它们与现代公共艺术创作所依托的环境因素如空间、形式、色彩、肌现、体量等）和物质载体（或谓介质物）、有着密切的视觉审美及环境心理效应上的关系。”[1]景观雕塑不单单是一件作品立在那儿，而是要和周围环境共同发挥作用，这是景观雕塑的最重要的特质，置于公共空间中的工业现成品艺术，是一道城市景观，因此也需要借助环境以使其意义最大化，但是如果与环境不够协调，效果往往适得其反。

[1] 翁剑青. 公共艺术的观念与取向：当代公共艺术的文化及价值研究［M］. 北京：北京大学出版社，2002：99.

景观雕塑在设置上应该充分考虑景观的作用，而不是一味地陈列，并考虑到参观者的心理接受程度，发挥景观公共艺术的审美特质，营造出一种环境氛围，让参观者在了解现成品艺术背后故事的同时充分感受到钢铁制品的美感。

二、公共设施的实用功能较差

公共设施的实用功能较差主要表现为一些现成品公共设施的使用价值很小，远远低于普通的城市公共设施。例如重型文化广场上设置的花钵、果皮箱，虽然很有特色，但是使用的效果不够明显：果皮箱的容积太小，容纳不了太多的垃圾，垃圾回收时如何将箱内垃圾清理干净也是个问题；由钢包改造的花钵体积较大，高度目测约为2米，内部种花很不方便，因为需要放置大量的土才能在口沿处看到种植的植物花卉，而且这个高度对于大部分市民来说很难欣赏到花卉，那么这个花钵的设置就形同虚设。

公共设施的设置首先要考虑功能性，也就是使用功能，在满足使用功能的前提下再考虑其他功能，包括审美和人文价值的体现。使用功能体现了公共设施在设置上人性化的特点，如果没有考虑到人性化，那么就算具有其他的价值也减弱了公共设施的总体使用效果。“城市设施作为城市公共空间中与人关系密切的设计产品，其设计的好坏对人与城市公共空间的营造有着密切的关系。”[1]如果公共设施的设计没有从人的自身需求出发，那么拥有再多的审美价值或是历史价值也只能作为摆设而不是设施，作为公共设施，其设计的核心理念就是关注人，“产业革命之后从崇尚、追求、依附技术的高速发展，到今天倡导以人为本、可持续发展的宏伟世纪战略。都是人类对自身价值和地位的重新认识和评估。满足人类聚居生活及方式，并创造这种发展需求的可能性，强调把尊重人、爱护人的宗旨与理念体现再公共环境设施设计创造活动中，不但是公共环境设计事业的终极目标，而且也是人类社会进步的原动力。”[2]

虽然果皮箱、花钵这类公共设施是采用工业废弃物改造而成，具有一定

[1] 吴晓淇，康琳，王梦梅. 城市设施设计［M］. 北京：化学工业出版社，2015：31.

[2] 张海，林董雅. 城市空间元素公共环境设施设计［M］. 北京：中国建筑工业出版社，2007：6.

的历史价值，但是作为公共设施，在实用性上却是不够的，尤其对公众而言，需要更加关注如何符合人的尺度，特别是生理和心理方面的协调。当代城市需要营造出符合人性使用功能的设施，因此，沈阳在未来现成品公共设施的设置上，尤其是对工业现成品的选择和改造上应该更多地从功能性和使用的便利性角度来考虑。

沈阳工业现成品设置的不足之处也导致了当下沈阳工业文化形象塑造面临三个问题：旅游地点的公共空间中展现工业文化的视觉形象缺失；现有符号性艺术品主题不明确，没有起到文化引导的作用；很多值得再开发和再利用的工业资源未被充分利用。

旅游地点的公共空间中展现工业文化的视觉形象缺失。如窗口地点，包括机场、高速下桥口、主干路均无此类作品，而这些地点屹立的现代风格艺术品毫无地域特色，这造成了城市景观的特色缺失；沈阳仅有的反映工业文化的雕塑只集中在铁西区，人员流动较大的商业区如大东区、和平区几乎没有，这造成许多不了解沈阳工业历史的外地游客没有机会看到这些作品。

现有符号性艺术品主题不明确，没有起到文化引导的作用。以沈阳为例，沈阳近些年兴起旧厂房改造产业园，以此来带动城市经济，但是园区内缺少能够展现沈阳工业文化特色的符号性艺术品，如1905创意产业园中的工业现成物只是摆设，载体的不足势必削减文化的厚度。很多值得再开发和再利用的工业资源未被充分利用。包括申遗工作还未受到充分重视；围绕工业遗产，特别是工业现成物的开发式再利用还有待加强。

第三节　可实践推广的建议参考

上述关于沈阳工业现成品艺术在设置上的经验可继续推广并加强艺术和文化内容的融入，不足之处更需要具体的意见作为参考。关于建议，首先是对文化的保护和传承。文化能为城市发展注入持久动力，因此做足自身特色，有必要全面打造城市的文化品牌，而沈阳的文化品牌之一就是工业文化的视觉符号。因此，要以打造工业文化视觉符号为抓手，营造城市的工业文化新形象，这些目标需要具体落实的方法。对文化的保护和传承具体方法及建议包括以下几点。

加强工业遗存的研究工作，为其打造成文旅景观提供学术支撑。工业现成品艺术的创作来源是工业遗存，选用何种工业遗存，需要前期的研究工作，只有做足前期工作，才能在接下来的改造中将工业遗存打造成具有沈阳工业文化特色的标志物，从而为文旅的开发提供具有文化底蕴和沈城特色的景观节点。研究能为新一轮振兴老工业基地的具体举措提供参考。中央、沈阳市均意识到工业文化建设的重要性：2016年《中共中央 国务院关于全面振兴东北地区等老工业基地的若干意见》中提出“促进资源型城市可持续发展”的目标要求，强调文化产业的重要性，而文化产业的繁荣需要打造地方特色文化品牌；沈文改发〔2020〕2号《推动〈关于保护利用老旧厂房拓展文化空间的指导意见〉落地实施办法》中明确强调对工业遗存的保护性再利用；《沈阳市文化创意产业发展三年行动计划（2018—2020年）》中强调文化融合对文化产业的重要性。

在视觉形象塑造的具体举措上，将工业遗存改造成的现成品艺术作为城市的“标志物”，展现城市文化的视觉符号。

利用现成品艺术的价值，带动城市的品牌效应。现成品艺术放置在城市的公共空间，已然成为“标志物”，提升了价值和文化品位。随着城市化进程的推进，城市形象的塑造越来越受到人们的关注，当代城市讲求综合发展，其中就包括对城市精神和文化的弘扬，而城市文脉和城市精神必然通过“标志物”这种实体形象来实现承继和延续。工业现成品艺术作为城市的“标志物”，能够从视觉上强化城市的形象，有助于老工业城市形象的重新塑造，通过这个媒介，城市新形象得以展现，而工业历史和文化也得到进一步的传承和延续。另外，工业现成品可以就地取材，改造的成本低廉，而且解决了大量工业遗留物无处安放的问题。利用特定现成品艺术凸显沈阳的工业历史文化。特定现成品艺术能够突出沈阳历史文化。除了沈阳，中国的重工业城市还有上海、苏州、重庆、天津等地，如何突出沈阳的工业文化，需要从沈阳的工业历史中找寻。沈阳拥有辉煌的机床发展史，被称为“中国的机床之乡”，在这儿生产出国产第一台摇臂机床Z35，普通车床C620-1以及第一台数控机床，因此，机床是沈阳工业辉煌历史的见证，具有特殊的意义；沈阳还有辉煌的铸造史，我国第一枚金属国徽的铸造就是在沈阳完成的，这个国徽被悬挂于天安门的城楼上，因此用于浇筑的钢包代表了沈阳的铸造成就。沈阳机床、钢包的现成品种类和数量丰富，可以随时进行艺术性改造，鲁迅美术学院可以随时提供艺术改造的方案，将其打造成具有沈阳工业文化特色的视觉符号，并做全市的拓展推广。现成品艺术转化为城市的视觉符号，作为文化资本能够推动沈阳的文化旅游产业。视觉符号是一种文化资本，可以投资并取得相应回报。由工业现成品艺术生成的工业符号是沈阳这座城市的文化资本，是城市的公共财富。"在市场经济机制下，对遗产资源进行合理的利用与经营，便能充分地将本体文化价值转化为经济价值。通过历史文化资源的重组以及与相关产业的结合，并通过市场营销等手段，就可以形成文化产业和文化品牌，使其向所谓的'文化资本'转化，在市场经济的合理导向下，使其成为一种文化生产力。"

特定的视觉符号能够加强并凸显沈阳的工业历史文化。中国的老工业基地不仅仅是沈阳，那么沈阳如何突出自身的工业文化特色，需要从本地的工业历史中找寻文化支撑，利用具有地域代表性的工业遗留物，将其改造成具有标识性的视觉符号，这有助于本地工业文化形象的塑造，对于提升沈阳城市文化形象则意义非凡，对进一步振兴东北老工业基地的具体举措的实施具有战略意义。视觉符号的营造在城市文化形象的提升中具有重要作用。首先，城市文化建设需要建立自身具有独特风格的标志物。具体措施是在保持原有风貌的基础上，增强对城市固有文化的理解和感悟，并结合艺术和美学，因地制宜，改造出新颖又接地气的艺术品，这些艺术品作为视觉符号能够满足新时代城市的文化需求，还能够产生集聚效应，带动城市的品牌效应。其次，视觉符号的营造符合符号经济的原则。根植于本地的历史文脉，一个地区打造出能够吸引大众的文化符号可以提升自身的竞争力。辽宁"符号经济"的发展繁荣需要依赖它的工业历史、文化，营造独特的视觉符号，打造文化品牌也是发展地方文化创意产业的关键。这方面上海"工业锈带"以及红坊的设计理念可以提供些许参考，上海杨浦滨江2.8千米的"工业锈带"共94个景观节点，这些景观节点就是视觉符号，南段滨江上26.2万平方米工业遗存被一一保留下来，并注入全新内涵。杨浦滨江建设秉承"历史感、智慧型、生态性、生活化"的设计理念，将建筑新旧风貌交融，将其打造成为一个属于公共活动区域。还有上海红坊，是在1958年的上钢十厂的闲置厂房上改造而成的，因红色厂房而得名，如今已经改建为画廊、艺术工作室、咖啡厅园，区内有很多充满创意的雕塑、路牌，作为一种视觉符号让人们在休闲之余感受到艺术的气息。如今，“工业锈带”和红坊已成为上海的工业文化标志性景点，前来参观消费的人络绎不绝，作为远近闻名的景点推动了上海市的文化建设及经济发展。

艺术品转化为视觉符号，成本低，但是作为一种独特的文化资本 能够推动旅游产业的发展。可以说，视觉符号就是一种视觉文化资本，和经济资本一样，可以投资于各种市场并获取相应的回报。通过历史文化资源的重组以及与相关产业的结合，并通过市场营销等手段，就可以形成文化产业和文化品牌，使其向所谓的“文化资本”转化，成为一种文化生产力。符号经济根植于城市的历史文脉。一个地区打造出能够吸引消费者的文化符号，可以提升自身的竞争力并推动经济发展，也是发展地方文化产业的关键，这对于提升文化形象意义重大，因为“城市形象传播与文化创意产业发展有着密切关系，城市形象的塑造和传播将会为文化创意产业带来巨大的拓展空间和潜在商机。而文化创意产业的发展，又可以为城市形象推广和提升起到催化剂和加速器的作用。”

当代城市讲求综合发展，其中就包括对城市精神和文化的弘扬，随着城市化进程的推进，城市文化形象的提升越来越受到人们的关注，而城市文脉和城市精神必然通过“标志物”即视觉符号来实现承继和延续。公共艺术可以转化成这种“标志物”，从视觉上强化城市的形象，有助于老工业城市形象的重新塑造，城市新形象由此得以展现，工业历史、文化也进一步得到传承和延续。打造地域特色视觉符号需要增强对城市固有文化的理解和感悟，并结合艺术、美学，满足新时代城市的文化需求的同时带动城市的品牌经济发展。

在开发旅游资源，打造全新的模式方面，可以尝试打造“工业文化旅游+现成品艺术”的模式，目的是将优质工业文化资源转化为优秀旅游资源。充分重视这些现成品，将其打造成艺术品放置在旅游路线中，成为城市中具有标识功能的现成品艺术。一方面，这些艺术品具有文化价值，能够展现沈阳工业文化特色；另一方面游客可以近距离参观，甚至可以互动，由此带动旅游经济，使优质工业文化资源转化成为优秀的旅游资源。这一点，可以学习上海红坊的改造方式。将工业文化资源转化成旅游资源，能够有效推动沈阳工业文化旅游的发展，带动城市经济，增强外地游客对沈阳城市形象的新认知。发展现成品艺术，使其展现工业文化的视觉符号功能，能够吸引民众、留住城市记忆，在发展旅游经济的同时提升城市的文化品位，更好地推动城市有机更新、传承历史文脉。

小结

中国的老工业城市在更新中都面临一个境遇，那就是原本以工业为核心驱动的工业城市，经过改革后需要通过产业升级实现转型，以寻求城市的新发展，因此，在这个过程中需要使用一些切实有效的手段以实现老城的复兴，升级再造无疑是一个途径，而工业现成品艺术正是城市升级再造活动的产物。在城市的升级再造活动中，工业现成品艺术的功用和价值从环保、文化、经济和视觉四个维度展开，如从环保维度实施旧物改造；从文化维度改造现成品以承载历史记忆；从经济维度利用现成品艺术打造符号经济；从视觉维度将工业现成品艺术塑造成城市标志物，通过四个维度的施展为老工业城市的再次振兴提供诸多助力。工业现成品艺术在沈阳已存在多年，在经验方面，因为便利的资源条件，改造可以因地制宜，能够最大限度地降低成本，如在地点的选择上，能烘托出沈阳的工业历史背景，营造出城市的工业文化氛围；在现成品的选择上，挑选具有代表性的工业现成品，稍加改造，更多保留了历史的原汁原味，这些工业现成品是沈阳工业历史的记录，能最大限度地再现沈阳的工业历史，因此具有历史和文化价值。但是，设置上的不足之处也较为明显，例如部分景观雕塑没有考虑到景观的作用，过于集中是最大的问题；室外公共设施的实用功能较差。这些经验和不足都为沈阳乃至其他老工业城市更新中实施改造的具体举措提供借鉴和参考。

结语

悠久的工业历史是老工业城市中遗留下大量工业遗存的原因，而工业现成品艺术正是由工业遗存中的现成品改造而成，本书以沈阳为例，通过对城市中工业现成品艺术的研究，得出如下结论。

截止到目前，沈阳对工业遗存中现成品的改造实践已有近10年时间，改造后的工业现成品艺术主要集中于雕塑和公共设施两个领域，包含13个类别，采用的艺术手法包括并置、堆叠、重置、集合、上色和借用六种，并且选取具有工业语义的现成品放置在特定场域，从而取得良好的社会效果。这些现成品遵循一定的视觉规律进行艺术改造，完成了视觉上的重构，工业遗存具有一般价值和普遍价值，这种特性也使得对遗存中现成物改造的空间更为广阔，艺术手法也可以更加多样化。在现成品的选择上，选取具有特定工业语义的现成品作为改造对象，例如机床、钢包、钢钎、吊钩、齿轮、蒸汽机车头等，这些能够传达出工业语义的现成品艺术已然成为具有文化特色的工业符号，因此在未来的现成品改造中，对这类现成物的选取和保留尤为重要，而如何挖掘这些工业现成品的语义可以借鉴图像学的研究方法。沈阳工业现成品艺术作为一种存在于城市公共空间中的艺术品，具有在地性、公共性和艺术性三种属性。如今，城市公共空间中大众审美发生转向，工业现成品艺术作为造型简单、质朴却拥有地域文化特色的艺术品就展现了公众的审美需求。

工业现成品艺术在城市更新中的作用主要体现在环保、文化、经济、视觉四个维度的施展，具体表现在：（1）现成品改造作为绿色改造促进城市的可持续发展；（2）改造后的现成品艺术能够承载记忆并展现城市的历史信息；（3）将现成品的形象打造成符号经济带动了相关文化产业和旅游业发展；（4）把工业现成品艺术塑造成城市标志物可以提升城市形象，2016年国家提出《新一轮振兴东北老工业基地的战略意见》，内容包括了重塑城市形象的内容，工业现成品艺术有助于老工业城市形象的重塑。如何解决“千城一面”问题，关键是保留城市的固有文化，而在老工业城市的升级再造中，对工业现成品的艺术改造是一条保留工业文化的直观、环保、经济的有效途径，工业废弃物通过改造得到新生，通过艺术手段使其具备了新的功能和新的价值，因为稍加改造就可以成为城市中的一处景观，这种改造方式值得在老工业城市中推广，改造后的现成品艺术通过环保、文化、经济、视觉四个维度的施展助推了老工业城市的更新。

沈阳工业现成品艺术在设置上的经验值得其他老工业城市借鉴，如为保存老工业城市独有特色和创造新颖景观而将工业废物转化为现成品艺术的创意性思维，包括地点的选择和现成品的选择能够烘托出历史背景、凸显沈阳特色，而对目前现成品艺术设置中不尽完美之处的分析和揭示，包含景观功能和实用性上的不足，也会对今后老工业城市升级改造过程中的艺术介入活动起到良好的提示作用，为城市进一步改造具体举措的实施提供参考，如在优秀经验方面继续加强投入，而不足之处适当规避。

此外，对沈阳现有工业遗存中的现成品的处理方式需要更加的多元化：首先，是在对待现成品的态度上，多数工业现成品不如工业遗产或者工业文物那样能够得到重视，而且因为零散而无法得到进一步的保留和维护，其中不少现成品具有改造的价值但是没有得到相关部门的重视，所以政府和相关部门应该尽快确认具有保留价值的工业现成品，对这些现成品实施保护性再利用，良好的使用是一半的保护，认识到这些现成品的价值是当务之急；其次，配合地方的文化创意产业，合理再利用现成品打造地区文化品牌，开展商业活动并由此吸引对工业文化感兴趣的消费群体，推动工业文化旅游，拉动地方经济，拓展城市的经济来源；最后，调动市民参与改造的热情，艺术改造不只是政府及相关部门的事情，还应有市民的参与，而且，工业现成品对于老一代城市居民来说具有熟悉感，号召市民献计献策，为现成品的改造提供创意，是工业现成品改造的一个切实有效的方法，现成品艺术属于城市景观公共艺术，公共艺术的特性之一就是大众的参与，通过参与活动还可以增强市民的归属感和城市凝聚力。

附录一　沈阳工业现成品艺术图录

沈阳工业现成品艺术图录

编号	图片	类别 / 名称	改造内容	改造方式	地理位置
1		室外景观雕塑 /《铿锵名录》	铁板和齿轮	部分改造、借用	沈阳市铁西区建设大路工业文化走廊
2		室外景观雕塑 /《机床（1970）》	CW163 型号车床	整体利用	沈阳市铁西区建设大路工业文化走廊
3		室外景观雕塑 /《雪花（1933）》	长方形铁板、玻璃啤酒瓶	借用	沈阳市铁西区建设大路工业文化走廊
4		室外景观雕塑 /《印刷乐章》	铅字、印刷机滚筒、纸张	借用	沈阳市铁西区建设大路工业文化走廊
5		室外景观雕塑 /《熔铸》	钢包	整体利用	沈阳市铁西区建设大路西段某小区
6		室外景观雕塑 /《力量》	工业吊钩的造型	借用	沈阳市铁西区建设大路工业文化走廊

续表

编号	图片	类别 / 名称	改造内容	改造方式	地理位置
7		室外景观雕塑 /《孵化》	机床的造型	借用	沈阳市铁西区建设大路工业文化走廊
8		室外景观雕塑 /《工业魔方》	铸造砂箱	整体利用	沈阳市铁西区建设大路工业文化走廊
9		室外景观雕塑 /《速度》	工业齿轮	整体利用	沈阳市铁西区建设大路与肇工南街交汇处
10		室外景观雕塑 /《持钎人》	钢钎	借用	沈阳市铁西区重型文化广场
11		室外景观雕塑	重型机械厂铸钢车间焖火窑的链轨	整体利用	沈阳市铁西区重型文化广场西侧
12		室外景观雕塑	浇铸钢锭模具	整体利用	沈阳市铁西区中国工业博物馆公共绿地
13		室外景观雕塑	钢包	整体利用	沈阳市铁西区中国工业博物馆公共绿地

续表

编号	图片	类别 / 名称	改造内容	改造方式	地理位置
14		室外景观雕塑	吊钟	整体利用	沈阳市铁西区中国工业博物馆公共绿地
15		室外景观雕塑	多孔管道	整体利用	沈阳市铁西区中国工业博物馆公共绿地
16		室外景观雕塑	法兰	整体利用	沈阳市铁西区中国工业博物馆公共绿地
17		室外景观雕塑	工业轮轴	整体利用	沈阳市铁西区中国工业博物馆公共绿地
18		室外景观雕塑	铁罐	整体利用	沈阳市铁西区中国工业博物馆公共绿地
19		室外景观雕塑	铁管	整体利用	沈阳市铁西区中国工业博物馆公共绿地
20		室外景观雕塑	铁皮罐、支架	整体利用	沈阳市铁西区重型文化广场

续表

编号	图片	类别 / 名称	改造内容	改造方式	地理位置
21		室外景观雕塑	重型机械厂的输送管线	整体利用	沈阳市铁西区重型文化广场
22		室外景观雕塑	齿轮	整体利用	沈阳市铁西区重型文化广场
23		室外景观雕塑	钢包	整体利用	沈阳市铁西区中国工业博物馆公共绿地
24		室外景观雕塑	风轮、金属管及连接件、转轮等工业零件	部分改造、借用	沈阳市铁西区中国工业博物馆的南面外墙
25		室外景观雕塑	硼砂沙漏	整体利用	沈阳市铁西区卫工河畔
26		室外景观雕塑	大型油压千斤顶	整体利用	沈阳市铁西区卫工河畔
27		室外景观雕塑	钢包	整体利用	沈阳市铁西区卫工河畔

续表

编号	图片	类别 / 名称	改造内容	改造方式	地理位置
28		室外景观雕塑	工业转轮	部分改造	沈阳市铁西区北一路金街万达商业广场的步行街
29		室外景观雕塑	工业支架	部分改造	沈阳市铁西区北一路金街万达商业广场的步行街
30		室外景观雕塑	摇臂机床	整体利用	沈阳市沈河区中街步行街沈阳春天商场门前
31		室外景观雕塑	绿皮火车车厢	整体利用	沈阳市皇姑区阿里山路 8 号克俭公园内
32		室外景观雕塑	老式电车	整体利用	沈阳市铁西区中国工业博物馆公共绿地
33		室外景观雕塑	前进型蒸汽机车车头	整体利用	沈阳市铁西区中国工业博物馆公共绿地
34		室外景观雕塑	齿轮	整体利用	沈阳市铁西区建设大路与保工街交汇处西北角

续表

编号	图片	类别 / 名称	改造内容	改造方式	地理位置
35		室内置景雕塑	轮胎	整体利用	沈阳市铁西区1905文化创意产业园内
36		室内置景雕塑	钢锭模具	借用	沈阳市铁西区中国工业博物馆展厅内
37		室内置景雕塑	齿轮、皮轮	整体利用、部分改造	沈阳市铁西区中国工业博物馆展厅内
38		室内置景雕塑	铁管、接头、三通、阀门	部分改造	沈阳市铁西区1905文化创意产业园内
39	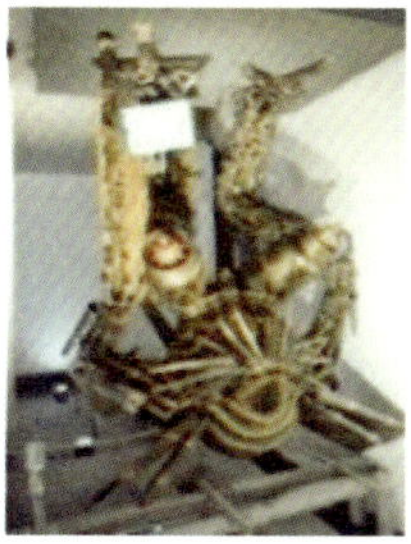	室内置景雕塑	铁管、接头、阀门等工业材料	部分改造	沈阳市铁西区1905文化创意产业园内
40		室内置景雕塑	钢包	借用	沈阳市铁西区中国工业博物馆大厅

续表

编号	图片	类别 / 名称	改造内容	改造方式	地理位置
41		室内置景雕塑	齿轮、扳手	整体利用、部分改造	沈阳市铁西区中国工业博物馆铸造馆的大厅入口处
42		室内置景雕塑	齿轮	整体利用	沈阳市铁西区中国工业博物馆展厅内
43		室外置景雕塑	机床	借用	沈阳市铁西区劳动公园内
44		室外公共设施	输送管道	部分改造	沈阳市铁西区中国工业博物馆公共绿地
45		室外公共设施	螺栓	整体利用	沈阳市铁西区重型文化广场北侧
46		室外公共设施	车床中心支架	整体利用	沈阳市铁西区重型文化广场东侧
47		室外公共设施	轮轴、齿轮	整体利用	沈阳市铁西区重型文化广场东侧

续表

编号	图片	类别 / 名称	改造内容	改造方式	地理位置
48		室外公共设施	工业管道	部分改造	沈阳市铁西区1905 文化创意产业园广场前方的停车场与绿化带相交处
49		室外公共设施	工业管道	部分改造	沈阳市铁西区重型文化广场
50		室外公共设施	机床	部分改造	沈阳市铁西区重型文化广场东侧
51		室外公共设施	输送管道、管阀	部分改造	沈阳市铁西区北一路金街万达商业广场的步行街
52		室外公共设施	螺栓	整体利用	沈阳市铁西区北一路金街万达商业广场的步行街
53		室外公共设施	螺栓	整体利用	沈阳市铁西区北一路金街万达商业广场的步行街

续表

编号	图片	类别 / 名称	改造内容	改造方式	地理位置
54		室外公共设施	输送管道、管阀	部分改造	沈阳市铁西区北一路金街万达商业广场的步行街
55		室外公共设施	输送管道	部分改造	沈阳市铁西区重型文化广场西侧
56		室外公共设施	轮轴、齿轮	部分改造	沈阳市铁西区重型文化广场西侧
57		室外公共设施	油桶、枕木	部分改造	沈阳市铁西区重型文化广场西侧
58		室外公共设施	机床	部分改造	沈阳市铁西区重型文化广场东侧
59		室外公共设施	锅炉盖	部分改造	沈阳市铁西区重型文化广场南侧

续表

编号	图片	类别 / 名称	改造内容	改造方式	地理位置
60		室外公共设施	齿轮	整体利用	沈阳市和平区小北关街 202 号巷中韩大厦楼下
61		室外公共设施	轨道运输车	部分改造	沈阳市铁西区重型文化广场东侧
62		室外公共设施	钢包	整体利用	沈阳市铁西区重型文化广场西侧
63		室外公共设施	铁轨	整体利用	沈阳市浑南新区金阳街 58 号沈阳万科新榆公馆小区内
64		室外公共设施	铁轨	整体利用	沈阳市浑南新区金阳街 58 号沈阳万科新榆公馆小区内
65		室内公共设施	工业管道、铁架	部分改造	沈阳市铁西区 1905 文化创意产业园内

续表

编号	图片	类别 / 名称	改造内容	改造方式	地理位置
66		室内公共设施	工业管道、铁架	部分改造	沈阳市铁西区1905 文化创意产业园内
67		室内公共设施	工业管道、铁架	部分改造	沈阳市铁西区1905 文化创意产业园内
68		室内公共设施	工业管道、铁架	部分改造	沈阳市铁西区1905 文化创意产业园内
69		室内公共设施	弹簧、皮轮	部分改造	沈阳市铁西区中国工业博物馆展厅内
70		室内公共设施	弹簧、皮轮	部分改造	沈阳市铁西区中国工业博物馆展厅内
71		室内公共设施	轮轴、齿轮、大铁块	整体利用	沈阳市铁西区中国工业博物馆展厅内

附录二　中华人民共和国成立初期工业题材美术作品中的工业现成品图录

中华人民共和国成立初期工业题材美术作品中的工业现成品图录

编号	图片	名称	作者	年份、尺寸	种类	出处
1		《参加技术协作，共破生产关键》	张文涛	1964 年，63 厘米 × 76 厘米	宣传画	中国美术馆收藏
2		《开展爱国主义生产竞赛——提高质量就是加强保卫祖国力量》	张凡夫	1951 年，79 厘米 × 57.5 厘米	宣传画	人民美术出版社
3		《技术协作》（局部）	崔志冬		油画	
4		《毛主席的好工人——尉凤英》（局部）	赵平安		中国画	
5		《物尽其力》	李汉华	20 世纪 50 年代	漫画	《沈阳工人美术作品选》，中国美术家协会辽宁省分会编，人民美术出版社，1958

续表

编号	图片	名称	作者	年份、尺寸	种类	出处
6		《师徒革“心”》	张光武	20 世纪 50 年代	漫画	《沈阳工人美术作品选》，中国美术家协会辽宁省分会编，人民美术出版社，1958
7		《生产关键解决了》	乔尚魁	20 世纪 50 年代	漫画	《沈阳工人美术作品选》，中国美术家协会辽宁省分会编，人民美术出版社，1958
8		《浇钢锭》（局部）	陈晓南	1958 年，40.9 厘米 × 35.2 厘米	版画	中国美术馆藏
9		《钢》（局部）	亚明	1960 年，27.8 厘米 × 40.1 厘米	中国画	
10		《转炉车间》（局部）	易振生	1959 年，41.2 厘米 × 28.5 厘米	中国画	

续表

编号	图片	名称	作者	年份、尺寸	种类	出处
11		《浇钢锭》（局部）	沃渣	1957 年	木刻版画	
12		《为了社会主义，献出我们最大的力量》（局部）	俞云阶	1954 年，54 厘米 × 77 厘米	宣传画	华东人民美术出版社
13		《公社如巨龙，生产显威风》（局部）	吴少云、章育青、陆泽之	1959 年，53 厘米 × 77 厘米	宣传画	《十年来上海年画选集 1949—1959》，上海人民美术出版社，1959
14		《龙凤呈祥》	江敉	1959 年，77 厘米 × 53 厘米	宣传画	重庆出版社（原西南人民出版社）
15		《乘风破浪各显神通》（局部）	王柳影、忻礼良、吴少云、金肇芳、余微波等	1958 年，53 厘米 × 77.5 厘米	宣传画	上海人民美术出版社，1959

续表

编号	图片	名称	作者	年份、尺寸	种类	出处
16		《热烈欢呼全国工业学大庆会议胜利召开》	徐希、孙荃	1977 年	宣传画	人民美术出版社
17		《工业学大庆》（局部）	李恒声	1976 年	宣传画	广西人民出版社
18		《只有社会主义才能救中国 只 有社会主义才能发展中国》（局部）	中央工艺美术学院	1989 年，77 厘米 × 53 厘米	宣传画	人民教育出版社
19		《祖国工业飞跃发展吓得英国胆战心惊》	李平凡、平野	1958 年，77 厘米 × 107 厘米	宣传画	天津人民美术出版社
20		《天地间》（局部）	黎明	1983 年	雕塑	

续表

编号	图片	名称	作者	年份、尺寸	种类	出处
21		《征服黄河》(局部)	李桦	1959年，55.5厘米×40.5厘米	木刻版画	中国美术馆收藏
22		《新安江水电站》(局部)	洪世清	1959年，55厘米×40厘米	石版画	中国美术馆收藏
23		《出钢》(局部)	张树云	1957年	版画	中国美术馆收藏
24		《滚炉前》(局部)	亚明	1960年，27.5厘米×39.5厘米	中国画	中国美术馆收藏
25		《机车整装》(局部)	杨云龙	1964年，54厘米×78厘米	水彩画	中国现代美术全集－水彩
26		《中国人民有志气》	上海第三印染厂－革命委员会政治宣传组	1970年，77厘米×106厘米	宣传画	上海市出版革命组

续表

编号	图片	名称	作者	年份、尺寸	种类	出处
27		《高炉层层起太行日日新》（局部）	魏魁仲	1974 年	宣传画	河北人民出版社
28		《乘风破浪　各显神通》（局部）	王柳影、忻礼良、吴少云、金肇芳、余微波等	1958 年，53 厘米 × 77.5 厘米	宣传画	上海人民美术出版社，1959
29		《开展爱国主义生产竞赛》	黄均	1950 年，39 厘米 × 54 厘米	宣传画	人民美术出版社
30		《露天煤矿一瞥》（局部）	王琦	20 世纪 50 年代	木刻版画	
31		《会师大庆》（局部）	杨先让	1976 年	套色木刻版画	
32		《抓革命促生产》	佚名		政治宣传画	

参考文献

中文译著、专著

[1] 刘易斯·芒福德. 城市发展史——起源、演变和前景［M］. 宋俊岭，倪文彦，译. 北京：中国建筑工业出版社，1989.

[2] 刘易斯·芒福德. 城市文化［M］. 宋俊岭，李翔宁，周鸣浩，译. 北京：中国建筑工业出版社，2009.

[3] 伊利尔·沙里宁. 城市：它的发展、衰败与未来［M］. 顾启源，译. 北京：中国建筑工业出版社，1986.

[4] 凯文·林奇. 城市意象［M］. 方益萍，何晓军，译. 北京：华夏出版社，2001.

[5] 莎朗·祖金. 城市文化［M］. 张廷佺，杨东霞，谈瀛洲，译. 上海：上海教育出版社，2006.

[6] 彼得·罗伯茨休·塞克斯. 城市更新手册［M］. 叶齐茂，倪晓晖，译. 北京：中国建筑工业出版社，2009.

[7] 尼格尔·泰勒. 1945年后西方城市规划理论的流变［M］. 李白玉，陈贞，译. 北京：中国建筑工业出版社，2006.

[8] 罗伯茨·塞克斯. 城市更新手册［M］. 叶其茂，倪晓晖，译. 北京：中国建筑工业出版社，2009.

[9] 简·雅各布斯. 美国大城市的死与生［M］. 金衡山，译. 南京：译林出版社，2006.

[10] 扬·盖尔. 交往与空间［M］. 汤羽扬，译. 北京：中国建筑工业出版社，2002.

[11] 扬·盖尔. 拉尔斯·吉姆松. 新城市空间［M］. 2版. 何人可，张卫，邱灿红，译. 北京：中国建筑工业出版社，2003.

［12］ 扬·盖尔．拉尔斯·吉姆松．公共空间·公共生活［M］．汤羽扬，译．北京：中国建筑工业出版社，2003.
［13］ 扬·盖尔．人性化的城市［M］．欧阳文，徐哲文，译．北京：中国建筑工业出版社，2010.
［14］ 扬·盖尔，比古特·斯娃．公共生活研究方法［M］．赵春丽，蒙小英，译．北京：中国建筑工业出版社，2016.
［15］ 潘诺夫斯基．图像学研究［M］．戚印平，范景中，译．上海：上海三联书店，2011.
［16］ 潘诺夫斯基．视觉艺术的含义［M］．傅志强，译．沈阳：辽宁人民出版社，1987.
［17］ 理查德·豪厄尔斯．视觉文化［M］．葛红兵，译．桂林：广西师范大学出版社，2007.
［18］ W.J.T.米歇尔．图像学：形象，文本，意识形态［M］．陈永国，译．北京：北京大学出版，2012.
［19］ 巴纳德．理解视觉文化的方法［M］．常宁生，译．北京：商务印书馆，2013.
［20］ 阿瑟·丹托．寻常物的嬗变——一种关于艺术的哲学［M］．陈岸瑛，译．南京：江苏人民出版社，2012.
［21］ 扬·阿斯曼．文化记忆早期高级文化中的文字、回忆和政治身份［M］．金寿福，黄晓晨，译．北京：北京大学出版社，2015.
［22］ 阿莱达·阿斯曼著．回忆空间——文化记忆的形式和变迁［M］．潘璐，译．北京：北京大学出版社，2016.
［23］ 哈贝马斯．公共领域的结构转型［M］．曹卫东，等，译．上海：学林出版社，2002.
［24］ 克莱尔·库珀·马库斯，卡罗琳·弗朗西斯．人性场所——城市开放空间设计导则［M］．俞孔坚，孙鹏，译．北京：中国建筑工业出版社，2001.
［25］ 保罗·康纳顿．社会如何记忆［M］．纳日碧力戈，译．上海：上海人民出版社，2000.

[26] 哈布瓦赫. 论集体记忆[M]. 毕然，郭金华，译. 上海：上海人民出版社，2002.
[27] 约瑟夫·里克沃特. 城之理念——有关罗马、意大利及古代世界的城市形态人类学[M]. 刘东洋，译. 北京：中国建筑工业出版社，2006.
[28] 威廉. 麦克唐纳，迈克尔. 布朗嘉特. 从摇篮到摇篮：循环经济设计之探索[M]. 中国21世纪议程管理中心/中美可持续发展中心，编. 上海：同济大学出版社，2005.
[29] 约翰·杜威. 艺术即经验[M]. 高建平，译. 北京：商务印书馆，2005.
[30] 亚历山大·R·卡斯伯特. 城市形态——政治经济学与城市设计[M]. 孙诗萌，袁琳，翟炳哲，译. 北京：中国建筑工业出版社，2011.
[31] 德波拉·史蒂文森. 城市与城市文化[M]. 李东航，译. 北京：北京大学出版社，2015.
[32] 马克·奥康纳尔，拉杰·艾瑞. 象征和符号[M]. 金世燕，译. 广州：南方日报出版社，2014.
[33] 布尔迪厄. 文化资本与社会炼金术——布尔迪厄访谈录[M]. 包亚明，译. 上海：上海人们出版社，1997.
[34] C.亚历山大. 建筑的永恒之道[M]. 赵冰，译. 北京：知识产权出版社，2002.
[35] 戴维·霍尔农. 视觉艺术色彩：在艺术与设计中理解与运用色彩[M]. 王雪婷，译. 杭州：浙江摄影出版社，2014.
[36] 卡罗·伯恩斯. 工业遗址的再开发利用：建筑师、规划师、开发商和决策者实用指南[M]. 吴小菁，译. 北京：电子工业出版社，2012.
[37] 西村幸夫. 再造魅力故乡——日本传统街区重生故事[M]. 王惠君，译. 北京：清华大学出版社，2007.
[38] 北川富朗. 乡土再造之力——大地艺术节的10种创想[M]. 欧小林，译. 北京：清华大学出版社，2015.
[39] 伍泽. 杜尚传[M]. 袁俊生，译. 重庆：重庆大学出版社，2010.
[40] 达姆鲍夫斯基. 沈阳[M]. 木林，杨天，译，沈阳：辽宁人民出版社，1955.

［41］ 翁剑青. 公共艺术的观念与取向：当代公共艺术的文化及价值研究［M］. 北京：北京大学出版社，2002.
［42］ 翁剑青. 城市公共艺术：一种与公众社会互动的艺术及其文化的阐释［M］. 南京：东南大学出版社，2004.
［43］ 王洪义. 公共艺术概论［M］. 杭州：中国美术学院出版社，2007.
［44］ 曹意强，麦克尔·波德罗，等. 艺术史的视野——图像研究的理论、方法与意义［M］. 杭州：中国美术学院出版社，2007.
［45］ 单霁翔. 从功能城市走向文化城市［M］. 天津：天津大学出版社，2007.
［46］ 单霁翔. 城市化发展与文化遗产保护［M］. 天津：天津大学出版社，2006.
［47］ 安秀. 公共设施与环境艺术设计［M］. 北京：中国建筑工业出版社，2007.
［48］ 金国胜. 公共艺术设计［M］. 杭州：浙江人民美术出版社，2010.
［49］ 汪晖，陈燕谷. 文化与公共性［M］. 北京：三联书店，2005.
［50］ 周宪. 视觉文化的转向［M］. 北京：北京大学出版社，2008.
［51］ 朱永明. 视觉语言探析［M］. 南京：南京大学出版社，2011.
［52］ 汪民安. 文化研究关键词［M］. 南京：江苏人民出版社，2007.
［53］ 林振德. 公共空间设计［M］. 广州：岭南美术出版社，2006.
［54］ 李慧民. 旧工业建筑的保护与利用［M］. 北京：中国建筑工业出版社，2015.
［55］ 王开. 辽宁工业文化［M］. 沈阳：辽宁人民出版社，2013.
［56］ 陆军，等. 城市老工业区转型与再开发：理论、经验与实践［M］. 北京：社会科学文献出版社，2011.
［57］ 王朗玲，李敏娜. 老工业基地改造与体制创新［M］. 北京：经济科学出版社，2004.
［58］ 周宪. 文化表征与文化研究［M］. 上海：上海人民出版社，2015.
［59］ 王正林. 工业文化纵论［M］. 合肥：安徽人民出版社，2006.
［60］ 孙施文. 城市规划哲学［M］. 北京：中国建筑工业出版社，1997.

[61] 王景慧. 历史文化名城保护理论与规划 [M]. 上海: 同济大学出版，1999.
[62] 孙施文. 现代城市规划理论 [M]. 北京: 中国建筑工业出版社，2007.
[63] 李冬生. 大城市老工业区工业用地的调整与更新: 上海市杨浦区改造实例 [M]. 上海: 同济大学出版社，2005.
[64] 国务院研究室课题组. 中国老工业基地改造与振兴 [M]. 北京: 科学出版社，1992.
[65] 韦峰. 在历史中重构: 工业建筑遗产保护更新理论与实践 [M]. 北京: 化学工业出版社，2014.
[66] 刘伯英，冯钟平. 城市工业用地更新与工业遗产保护 [M]. 北京: 中国建筑工业出版社，2009.
[67] 邵甬. 法国建筑·城市·景观遗产保护与价值重现 [M]. 上海: 同济大学出版社，2010.
[68] 薛凤旋. 中国城市及其文明的演变 [M]. 北京: 世界图书出版公司，2010.
[69] 张鸿雁. 城市文化资本论 [M]. 2版. 南京: 东南大学出版社，2010.
[70] 郭琦，朱京海. 工业遗存概论 [M]. 沈阳: 辽宁科学技术出版社，2011.
[71] 王瑞芸. 杜尚传 [M]. 桂林: 广西师范大学出版社，2010.
[72] 徐淦. 装置艺术 [M]. 北京: 人民美术出版社，2003.
[73] 马永建. 后现代主义艺术二十讲 [M]. 上海: 上海社会科学院出版社，2006.
[74] 沈阳市政府地方志办公室. 沈阳市志 [M]. 沈阳: 沈阳出版社，2000.
[75] 王茂生. 从盛京到沈阳——城市发展与空间形态 [M]. 北京: 中国建筑工业出版社，2010.
[76] 王建学，高建，侯振龙. 名城印象: 沈阳建筑图史 [M]. 大连: 大连理工大学出版社，2010.
[77] 周岚. 城市空间美学 [M]. 南京: 东南大学出版社，2001.

［78］任保平．衰退工业区的产业重建与政策选择：德国鲁尔区的案例［M］．北京：中国经济出版社，2007．
［79］马航，宋聚生，戴冬晖．西方废弃工业区的更新改造对策和实践［M］．北京：科学出版社，2014．
［80］王晶．工业遗产保护更新研究——新型文化遗产资源的整体创造［M］．北京：文物出版社，2014．
［81］杨吉华．文化的创新［M］．北京：人民日报出版社，2013．
［82］彭军，高颖．城市公共设施设计与表现［M］．天津：天津大学出版社，2016．
［83］张婷，苗广娜．公共设施造型开发设计［M］．南京：东南大学出版社，2014．
［84］任仲泉，卢晓梦．城市空间家具设计［M］．济南：济南出版社，2014．
［85］白芸．色彩·视觉与思维［M］．沈阳：辽宁美术出版社，2014．
［86］徐恒醇．设计美学［M］．北京：清华大学出版社，2006．
［87］沈阳市统计局．人民沈阳四十年［M］．北京：中国统计出版社，1989．
［88］刘迎初，吕亿环．沈阳百年：1900—1999［M］．沈阳：沈阳出版社，1999．
［89］牛加明．新中国美术经典80年代［M］．武汉：湖北美术出版社，2004．
［90］陈烨．新中国美术经典50年代［M］．武汉：湖北美术出版社，2004．
［91］覃京侠．新中国美术经典60年代［M］．武汉：湖北美术出版社，2004．
［92］荣伟东．老工业基地改造中的思考与实践［M］．沈阳：辽宁人民出版社，2014．
［93］于今．城市更新城市发展中的新里程［M］．北京：国家行政学院出版社，2011．
［94］顾哲，侯青．基于公共选择视角的城市更新机制研究［M］．杭州：浙江大学出版社，2014．
［95］刘会远，李蕾蕾．德国工业旅游与工业遗产保护［M］．北京：商务印书馆，2007．

[96] 中国城市规划学会. 名城保护与城市更新 [M]. 北京：中国建筑工业出版社，2003.
[97] 王波. 城市再造 [M]. 北京：中国海关出版社，2009.
[98] 车维汉. 沈阳近现代简史 [M]. 沈阳：共青团沈阳市委员会编印，1984.
[99] 路通. 老工业基地振兴中的新型技术改造战略 [M]. 北京：科学出版社，2011.
[100] 赵静蓉. 文化记忆与身份认同 [M]. 北京：生活·读书·新知三联书店，2015.
[101] 朱蓉，吴尧. 城市·记忆·形态：心理学与社会学视维中的历史文化保护与发展 [M]. 南京：东南大学出版社，2013.
[102] 许东风. 重庆工业遗产保护利用与城市振兴 [M]. 北京：中国建筑工业出版社，2014.
[103] 郑文东. 文化符号域理论研究 [M]. 武汉：武汉大学出版社，2007.
[104] 胡正荣. 传播学总论 [M]. 北京：中国传媒大学出版社，1997.
[105] 许雄辉. 传播城市：城市形象对外宣传策略 [M]. 宁波：宁波出版社，2013.
[106] 王一川. 中国文化软实力发展战略综论 [M]. 北京：商务印书馆，2015.
[107] 李和平，肖竞. 城市历时文化资源保护与利用 [M]. 北京：科学出版社，2014.
[108] 宋颖. 上海工业遗产的保护与再利用研究 [M]. 上海：复旦大学出版社，2014.
[109] 朱钟炎，章丹音. 城市视觉形象设计 [M]. 上海：上海锦绣文章出版社，2011.
[110] 陈伯超. 沈阳城市建筑图说 [M]. 北京：机械工业出版社，2010.
[111] 温洋. 公共雕塑 [M]. 北京：机械工业出版社，2006.
[112] 许正龙. 雕塑概论 [M]. 北京：清华大学出版社，2011.
[113] 都伟. 公共设施 [M]. 北京：机械工业出版社，2007.

外文专著文献

[1] Bottmeyer, Land Management of Former Industrial Landscapes in the Economic Metropolis [M]. Ruhr: FIG Working Week, 2011.

[2] Alfrey, J., & Putnam, T. The industrial heritage: Managing resources and uses [M]. London: Routledge, 1992.

[3] Broadbent G, Jencks C, Bunt R. Signs, Symbols and Architecture [M]. Bath: Pitman Press, 1980.

[4] Umberto Eco. A Theory of Semiotics [M]. Bloomington: Indiana University Press, 1976.

[5] Turner T. City as Landscape [M]. Oxford: E&FN Spon, 1996.

[6] Landorf, C. Industrial heritage as a sustainable resource: Economic fact or political fiction? [M]. Barcelos: Green Lines Institute for Sustainable Development, 2012.

中文期刊文献

[1] 王新哲，孙星. 工业文化概念、范畴和体系架构初探 [J]. 西北工业大学学报（社科版），2015（1）：30-33.

[2] 王洪义. 俯仰即拾，触手成春：公共空间中的捡拾物艺术 [J]. 公共艺术，2016（3）：18-27.

[3] 邱见均. 田野调查法浅析 [J]. 群文天地，2012（18）：241.

[4] 曹意强. 后形式主义图像学与符号学 [J]. 美苑，2015（3）：2-9.

[5] 杨贤宗. 潘诺夫斯基图像学方法的根源与适用范围 [J]. 新美术，2010（6）：38-41.

[6] 张玲. 公共艺术关键词 [J]. 公共艺术，2016（4）：44-47.

[7] 杨治良. 漫谈人类记忆的研究 [J]. 心理科学，2011（1）：249-250.

[8] 汪芳，严琳，吴必虎. 城市记忆规划研究：以北京市宣武区为例 [J]. 国际城市规划，2010.（1）：71-76.

[9] 严丽红. 城市更新与历史文脉保护并行[J]. 山西建筑，2007(12)：24-25.
[10] 苏小涵. 中国沈阳工业博物馆工业文化遗产的保护利用及发展前景浅析[J]. 辽宁工业大学学报(社科版)，2015(2)：63-65.
[11] 王丽丹，范婷婷. 沈阳工业遗产保护评价与利用对策[J]. 规划师，2014(S1)：75-79.
[12] 韩福文，何军，王猛. 沈阳老工业城市工业遗产整体保护模式探讨[J]. 商业研究，2014(4)：149-155.
[13] 李淼焱，王明友. 辽宁省工业遗产旅游开发优势、问题及对策[J]. 首都经济贸易大学学报，2014(4)：65-68.
[14] 王烁. 沈阳经济区工业遗产旅游开发对策探究[J]. 旅游纵览(下半月)，2014(2)：241-242.
[15] 王鑫. 工业遗产与城市文化空间构建研究——以北京和沈阳为对比[J]. 中国名城，2014(2)：50-54.
[16] 侯爽. 文化创意——对辽宁工业遗产开发利用的启示[J]. 辽宁经济，2013(5)：50-51.
[17] 王雷，赵少军. 浅谈工业遗产的保护与再利用——以中国工业博物馆为例[J]. 中国博物馆，2013(3)：89-93.
[18] 李迎秋，任峰. 由功能转变到功能完善——沈阳铁西老工业区改造后期的规划实践与思考[J]. 沈阳建筑大学学报(社会科学版)，2013(3)：235-239.
[19] 王鑫. "人""文"并重：工业文化遗产开发理念研究——以沈阳工业文化遗产开发为个案[J]. 沈阳工程学院学报(社会科学版)，2012(3)：332-335.
[20] 韩福文，王芳. 城市意象理论与工业遗产旅游形象塑造——以沈阳市铁西区为例[J]. 城市问题，2012(12)：17-22.
[21] 卢佳宁，沈映春. 广义虚拟经济视角下沈阳市铁西区工业遗产利用的经济学分析[J]. 经济研究导刊，2012(23)：50-53.
[22] 张东旭，杨春，陈雷. 沈阳铁西工人村生活馆改造设计[J]. 工业建筑，2012(10)：34-37.

［23］韩福文，佟玉权．沈阳工业遗产保护与旅游利用探讨［J］．国土与自然资源研究，2010（1）：77-79．
［24］哈静，曲薇．沈阳工业历史及工业建筑遗存现状［J］．北京规划建设，2011（1）：37-42．
［25］王肖宇，陈伯超，张艳锋．沈阳工业建筑遗存遗产保护与利用［J］．工业建筑，2007（9）：51-54．
［26］董峰．“东搬西建”：沈阳铁西区老工业基地振兴的模式选择［J］．国土资源，2007（5）：23-27．
［27］陈伯超．沈阳工业建筑遗产的历史源头及其双重价值［J］．建设创作，2006（9）：80-91．
［28］张艳峰，张明皓，陈伯超．老工业区改造过程中工业景观的更新与改造——沈阳铁西工业区改造新课题［J］．现代城市研究，2004（11）：34-38．
［29］陈伯超，张艳锋．工业区改造过程中文化与经济的互动与关联——沈阳铁西工业区改造再利用的设计理念［J］．沈阳建筑工程学院学报：自然科学版，2004（1）：39-42．
［30］张平宇．沈阳铁西工业区改造的制度与文化因素［J］．人文地理，2006（2）：45-49．
［31］陈伯超，张艳锋．城市改造过程中的经济价值与文化价值——沈阳铁西工业区的文化品质问题［J］．现代城市研究，2003（6）：17-22．
［32］张宇辉．关于对振兴辽宁老工业基地进程中发展文化产业的思考［J］．辽宁行政学院学报，2005（2）：116-118．
［33］张洁．辽宁老工业基地全面振兴时期工业文化研究［J］．辽宁行政学院学报，2010（11）：140-142．
［34］白新元．浅谈老工业建筑群的历史价值与再利用［J］．美术大观，2010（2）：118．
［35］姜军，孙清军．东北老工业基地工业建筑改造策略［J］．工业建筑，2009（3）：26-28．
［36］杨琳，王小凡．创意产业与工业类建筑遗存的结合——以北京798地区为例［J］．北京规划建设．2007（2）：46-49．

[37] 袁筱薇. 工业遗产改造形式探索[J]. 四川建筑，2008(2)：19-21.
[38] 周永生，张天维，王圣淇. 辽宁老工业基地振兴中的成效分析与对策建议[J]. 党政干部学刊，2006(11)：14-15.
[39] 刘永涛. 工业文化遗产保护与公共艺术建设[J]. 理论界，2010(7)：165-166.
[40] 邵龙，赵晓龙，姜丽. 后工业文化景观资源的文化生态系统整合研究[J]. 华中建筑. 2010(3)：129-132.
[41] 张启元. 从国外老工业区的转型看辽宁老工业基地的振兴[J]. 理论界，2004(4)：25-27.
[42] 刘抚英，邹涛，栗德祥. 后工业景观官员的典范——德国鲁尔区北杜伊斯堡景观公园考察研究[J]. 华中建筑，2007(11)：77-84.
[43] 王洪义. 公共艺术的N个研究角度[J]. 公共艺术，2014(6)：34-38.
[44] 米克·巴尔，常宁生. 观看符号解读绘画——运用符号学理解视觉艺术. 世界美术，2007(1)：90-100.
[45] 皮道坚. 公共艺术：概念转换、功能开发与资源利用[J]. 美术研究，2005(2)：35-38.
[46] 姜文涛. 都市市民文化作为公共艺术载体研究的探索[J]. 武汉科技学院学报，2012(6)：39-41.
[47] 季欣. 中国城市公共艺术现状及发展态势研究[J]. 大连大学学报，2010(5)：70-73.
[48] 钟华. 中国公共艺术的发展与探究[J]. 合肥工业大学学报(社科版)，2011(2)：95-99.
[49] 来洁. 拉近生活与人的距离——上海居住社区设施公共艺术研究[J]. 公共艺术，2014(4)：44-51.

外文期刊文献

[1] Sonja Ćopić, Jasmina Đorđević, Tin Lukić, Vladimir Stojanović, et al. Transformation of Industrial Heritage—an Example of

Tourism Industry Development in the Ruhr Area (Germany) [J]. Eographica Pannonica, 2014 (6): 43-50.
[2] Cho, M., Shin, S. Conservation or economization? Industrial heritage conservation in Incheon, Korea [J]. Habitat International, 2014 (41): 69-76.
[3] Heike Oevermann, Jana Degenkolb, Anne Dießler, et al. Participation in the reuse of industrial heritage sites: the case of Oberschöneweide, Berlin [J]. International Journal of Heritage Studies, 2016 (1): 43-58.
[4] Emanuele Romeo, Emanuele Morezzi, Riccardo Rudiero. Industrial Heritage: Reflections on the Use Compatibility of Cultural Sustainability and Energy Efficiency [J]. Energy Procedia, 2015 (78): 1305-1310.
[5] Merciu Florentina-Cristinaa, MerciuGeorge-ţiub, Cercleux Andreea-Loretaa, Drăghici Cristian Constantina. Conversion of Industrial Heritage as a Vector of Cultural Regeneration [J]. Procedia - Social and Behavioral Sciences, 2014 (122): 162-166.
[6] Anders Högberg. The Process of Transformation of Industrial Heritage: Strengths and Weaknesses [J]. Museum International 2011 (1-2): 34-42.

其他文献

[1] 郝鸥，谢占宇，刘思铎. 论沈阳老龙口酒厂遗址的保护与开发 [A] //建筑历史与理论第十一辑（2011年中国建筑史学学术年会论文集-兰州理工大学学报第37卷）. 兰州：兰州理工大学学报，2011：281-285.
[2] 哈静，张翼. 沈阳市近代工业建筑遗产现状调查 [A] //2010年中国首届工业建筑遗产学术研讨会论文集. 北京：清华大学出版社，2011：46-54.
[3] 林坚. 文化传统与文化创新 [A] //社会-文化遗传基因（S-cDNA）学

说论文集. 桂林：漓江出版社，2012：42-56.

[4] 徐延英，董庆辉. 沈阳工业建筑遗产浅析[A]//2012年中国第3届工业建筑遗产学术研讨会论文集. 北京：清华大学出版社，2013：30-35.

[5] 哈静，潘瑞，谢占宇. 基于遗产区域视角的沈阳经济区工业遗产保护初探[A]//2012年中国第3届工业建筑遗产学术研讨会论文集. 北京：清华大学出版社，2013：74-80.

[6] 徐明，赵旭旻. 沈阳铁西工人村保护现状的调查与保护策略研究[A]//2012年中国第3届工业建筑遗产学术研讨会论文集. 北京：清华大学出版社，2013：292-301.

[7] 华轲. 工业遗存功能置换的资源与挑战——以上海杨树浦电厂为例[A]//2013年既有建筑功能提升工程技术交流会论文集. 北京：中冶建筑研究总院有限公司，2013：95-100.

[8] 单霁翔. 从"文物保护"走向"文化遗产保护"——工业遗产保护存在的问题[N]. 中国文化报，2005-03-03(5).

[9] 市政协工业文物保护调研组. 关于我市工业文物保护情况的调研报告[N]. 沈阳日报，2005-12-19.

[10] 刘国栋，封葤. 沈阳为什么是鲜有"乡愁"的城市——拯救沈阳工业文化遗存[N]. 沈阳日报，2007-01-18(C3).

[11] 封葤. 一座城市的工业记忆——近身感受铁西区工业遗存[N]. 沈阳日报，2007-06-21(5).

[12] 谢文君. 沈阳铁西用工业遗存承载工业文化[N]. 辽宁日报，2008-04-13(3).

[13] 李彤. 用工业文化遗产充实城市记忆[N]. 沈阳日报，2009-04-28(11).

[14] 程竹，毛琦. 涅槃中的沈阳工业遗产[N]. 中国文化报，2009-06-09(5).

[15] 金晓玲. 沈阳铁西巧用工业遗存[N]. 辽宁日报，2010-06-19(1).

[16] 孙健，刘毅，何勇. 铁西十年振兴重生记[N]. 人民日报，2012-06-14(1).

[17] 沈阳市规划设计研究院. 沈阳历史文化名城保护规划[Z]. 2012.